農政改革

行政官の仕事と責任

奥原正明
元農林水産事務次官

日本経済新聞出版社

まえがき

私は農林水産省に40年弱勤務したが、入省して10年経過した1989年に在西ドイツ日本国大使館に赴任し、ここでベルリンの壁崩壊、東西ドイツの統一という歴史的な出来事を目撃することになった。

統一に至るプロセスや東西ドイツそれぞれの農業の状況を見たことが、日本における行政官の仕事の仕方や農業政策の在り方を考え直す大きな契機となった。

入省して10年間ですっかりなじんでしまい「当たり前」と思うようになっていた仕事の仕方や政策の問題点を強く意識するようになり、帰国後、自分の所掌の範囲内でできるだけの改革を行おうとしてきた。

幸運にも、局長・事務次官を合計8年以上務める機会を与えていただき、農政改革のかなりの部分に、行政側の責任者の一人として関与することができた。

もちろん、政策決定は行政官だけでできるものではなく、大きな政策であれば、大臣・官邸・

国会議員の方々との共同作業になる。しかも、行政官は選挙の洗礼は受けないので、あくまで黒子である。

しかし、法案のほとんどが内閣提出法案である日本において、行政機関は時代に合った法制度を提案するシンクタンクであり、行政官は責任を持ってこの役割を果たしていかなければならない。

これからの難しい国際情勢・経済環境の中で日本が生き抜いていくことは容易ではなく、行政官の仕事の仕方も政策の内容も大きく変えていかなければならない。

今後の行政の在り方を検討するには、素材が必要である。

政策決定に関して、表面的な事象はマスコミでも報道されるが、行政サイドの仕事の仕方として、どこにポイントがあったかを明確にするような報道はあまり目にしない。

経験知を整理して今後の検討の素材としてもらうことも、行政官のつとめの一つであると考え、私の限られた経験ではあるが、農政改革の政策決定の節目で、行政官がどう考え、どう工夫してきたかを整理してみることにした。

また、安倍内閣の下での一連の農政改革について、一般紙は、大筋では正確な報道をされたと思うが、業界紙の中には、関係者の誤解を招くような記事を掲載するところもあった。

改革は法律を作っておしまいではなく、関係者に、法律の趣旨を踏まえて的確に行動していただかなければ成果は上がらないわけであり、農業者を含めた関係者の方々に農政改革の目的・内容を正確に理解していただくのも、この本を執筆した動機である。

これまでの一般国民の方々の農業のイメージは、零細で、儲からないし、後継者もいない、政策もそれを前提に補助金や輸入規制などを行ってきた、というマイナス・イメージだったように思うが、農業の現場は大きく変化してきている。

経営能力のある農業法人や専業的な家族経営は大きく発展してきており、その農地利用面積シェアは既に5割以上となっている。

また、こうした経営者は自分で販路を切り拓いたり加工したり輸出したりと様々な工夫をしており、優秀な新規学卒者や脱サラした人が農業法人に就職するようになってきている。

こういう経営者が自由に経営展開できる環境を整え、企業との連携を深め、先端技術を活用していけば、農業を世界市場に通用する日本の主力産業にできる可能性が広がってきている。

このような状況を理解していただき、農業について正確なイメージを持っていただくのも、本書の目的の一つである。

国のシンクタンクとしての行政機関が有効に機能するためには、志を持った若い人々に行政官を目指してもらわなければならないし、その人たちにモチベーションを維持して前向きに活躍してもらわなければならない。

この本が、若い方々が行政官を志望するきっかけとなり、また、若手の行政官の方々の仕事の参考になれば、大変うれしい。

なお、関係者の氏名については、故人の方のみ明記することとし、御存命の方については、御迷惑がかからないよう、記述することを差し控えた。仕事上大変お世話になった方々も多いが、御容赦いただきたい。

また、本文中の見解にわたる部分は、公式文書に記載されているものを除き、私の個人的見解であることをお断りしておく。

2019年6月

奥原正明

目次

第3章 **農協改革** 67

第1章

行政官の役割

1　東西ドイツ統一に学ぶ

1989年6月、私は在西ドイツ日本国大使館の一等書記官としてボンに赴任し、3年間のドイツ勤務が始まった。

赴任時には全く想定していなかったことであるが、この年の11月9日、ベルリンの壁が崩れ、翌年の10月3日に東西ドイツは統一を成し遂げた。

私は、幸運にも、このプロセスを直接目撃することとなった。40年間の行政官としての生活の中で、これほど勉強になったことはないし、これを機に私の仕事に対する考え方は大きく転換した。

ドイツの統一プロセス

ベルリンの壁崩壊からドイツ統一までの間、ドイツは何をしたか。この経緯は、当時の外交問題担当の首相補佐官であったテルチック氏が執筆した『329日』（これは壁崩壊から統一までに要した日数である）という本に詳しいが、日本ではとても考えられない仕事の進め方であり、またスピード感であった。

当時の西ドイツは、キリスト教民主同盟（ＣＤＵ）と自由民主党（ＦＤＰ）の連立政権であったが、ＣＤＵのコール首相とＦＤＰのゲンシャー外相が毎週のように米国ワシントンを訪問し、ブッシュ大統領、ベーカー国務長官との協議を行い、これによってドイツ統一に向けた枠組みを決めていた。

英国、フランスをはじめとするＥＵ諸国は、ドイツ統一を表面上は支持していたが、内心は巨大ドイツが出現することを懸念しており、水面下では種々の工作も行われていた。もちろん、ソ連の動きも懸念された。こうした状況を放置しておけば、いつまでたってもドイツ統一は実現できないおそれもあった。

「歴史の神の前髪をつかむ」、これはタイミングが来たときにそれを逸しないようにスピード感を持って取り組むべしという意味であるが、コール首相とゲンシャー外相は、これを自ら実践した。下から積み上げていくという通常の仕事の仕方では、とても間に合わない。このために、まさにトップ交渉で物事を進めたのである。

ベルリンの壁が崩れた時点で、翌年10月3日に統一が実現すると思った人は極めて少なかったと思うが、このスピード感がなければ統一は実現できなかったかもしれない。

この時点で、コール首相は7年、ゲンシャー外相は15年そのポストにあり（コール首相の首相在任期間はベルリンの壁崩壊後を含め16年、ゲンシャー外相の外相在任期間はベルリンの壁崩壊後を含め18年）、国の内外の力関係を熟知し、米国との個人的信頼関係を築いていた。これが、ドイツ統一の大きな力となったと考えられる。政治においても、「継続は力なり」であり、首相が短期で交代していては、国力を発揮することはできない。

この点は、行政官である各省の局長についても同様であり、当時のドイツでは、政権交代等がない限り、局長が同一ポストを10年程度務めることも決して稀ではなかった。当然のことながら、省内の人事異動の頻度は少なくなるが、幹部職員は確実にその道のプロとなる。行政官がプロであって初めて、政と官がかみ合い、相互に補完して、現実にワークする政策ができることとなる。日本のように、行政官のポストが2年か3年に1回替われば、その道のプロはなかなか育たなくなり、前例を踏襲することが基本となりがちである。前例がうまく機能しているときはよいが、状況の変化を踏まえて新しいシステムをどう構築するかという場面になると、とたんに困難に直面することになる。現場の実態についての認識も十分できていないために、自信を持って新しい制度を設計することができなくなる。

この点はマスコミも同じ問題を抱えている。むしろマスコミの方が人事異動のインターバルは短く、1年で担当が替わることも珍しくない。取材相手と距離を置き批判的に報道することを重視していると思われるが、逆に、実態を踏まえない、ステレオタイプ化された報道になりかねないという問題がある。

いずれにしても、ドイツがベルリンの壁崩壊から1年もたたずに統一を実現できたのは、下からの積上げでなく、トップが自ら直接取り組んだことによるものである。

仕事には、それぞれ、その大きさと難しさがある。それを見極めて、その仕事に最も相応しい仕事の仕方を採ること、これが極めて重要である。

特に、その問題を誰がやるかということが重要で、テーマによっては、上のクラスが最初から取り組む方がよい場合もある。

この判断を間違えて、初期の段階を部下に任せれば、トラブルになるはずのないところでトラブルになることもある。

特に、政策の大きな改革を行おうとする場合には、改革は誰かの既得権を損なうことになるため、大きな困難を伴うことになる。

したがって、こうした改革を進めるには、組織の下から積み上げるやり方ではなく、責任者である局長や課長が自ら改革案を構想し、関係者を説得することが必要になる。

東西ドイツの統一は、すばらしいスピードで実現したが、その実体的統合はそう簡単ではなかった。

特に、東ドイツの通貨を、どのくらいの比率で西ドイツの通貨と交換するかは非常に重要な問題であった。戦後の日本を見ても、安い通貨レートをベースとして、輸出を拡大し、経済を発展させてきた。その結果、米国との経済摩擦が発生するに至って、為替レートの調整が行われた。

経済の実力から見て、東ドイツと西ドイツの通貨が同等ということはあり得なかったが、当時のドイツ政府は政治的な判断から1対1の交換レートで東ドイツ・マルクを西ドイツ・マルクに交換した。この結果、東ドイツの地域は統一後も経済復興に苦しみ、軌道に乗るまでにかなりの時間を要することになった。

ただ、仮に、1対1の交換レートを採用しなければ、東ドイツの人々の西ドイツとの一体感はなかなか生まれず、東ドイツ地域に社会主義政党が勢力を維持した可能性もあり、統一ドイツの政治経済がもっと混乱したかもしれない。

そういう意味で、交換レートの問題を経済の面だけで評価するのは間違いであり、ドイツ駐在は、こうした意味で、政策を大きな視点から考える機会になった。

西と東の農業の比較

ボン在任中にドイツが統一したことは、私の所掌範囲が西ドイツだけでなく東ドイツにも拡大することを意味した。この結果、農業についても、西ドイツと東ドイツを比較しながら見ることができるようになった。

西側の農業者が、自分の創意工夫で自由に経営しているのに対して、東側は、協同組合(旧ソ連のコルホーズ・ソホーズのような集団農場）の作業員といった状況であり、個人も協同組合も経営判断をしているという感じは全くなかった。

農業者の表情も、西と東では全く対照的で、西側の農業者が明るい表情で経営の将来構想を語るのに対し、東側は暗い顔で不満や状況の厳しさを語るといった具合である。

特に西側では、大学院卒など高学歴の農業者も多く、また農業機械の修理は当然のように自分でやっており、単なる農作業を行っているのではなく、経営者として行動しているということが明確であった。

私の問題意識は、日本の農業あるいは農業政策は東西ドイツのどちらに近いかということにあったが、私は、東側に近いという印象を強く持った。

当時の日本の農業は、農業団体からも政治からも、儲からない、厳しい、だから補助金が必要だといった発言が繰り返され、一方で、米の生産調整や農産物の販売ルートの規制など、農業者の経営に対する有形無形の規制や縛りがあり、農業者がその能力を十分に発揮できる状況ではなかったからである。

この経験は、私の農林水産省の行政官としての判断の大きな枠組みを作ることとなった。

農業を発展させるには、経営者が自由に経営展開できる環境を整備することが重要であり、日本の農業政策も、西側の、自由経済の国に相応しいものにしていかなければならない、計画経済的な手法や法的・社会的制約をできるだけ小さくしていかなければならない、ということである。1992年にドイツから帰国した後、私は、その時々のポストの所掌の範囲で、これをどうやって実現するかを常に考えてきた。

外交交渉に関する情報収集

ドイツ在任期間は、GATTウルグアイ・ラウンド交渉の時期にも重なっており、農業担当の一等書記官としては、これが最も重要な仕事であった。

関連するマスコミ報道を毎日チェックするとともに、毎週ドイツの農業省の国際部長等を訪問し、情報の収集と我が国にとって有利な方向への誘導を試みていた。こうした情報収集活動は、マスコミの取材と同じようなものであり、次第に取材のやり方というものも分かってきた。

取材相手のところに行って、「これはどうなっていますか」と質問して、的確な答えが返ってくる可能性はまずない。取材前に公表資料や報道ぶり等を詳細にフォローし整理したうえで、「これはこういうことになっていると思うが事実か」と質問することが必須である。ここまで言われると、取材相手も嘘はつけないし、ミスリードはしたくないと思っているので、かなりのことは答えてくれるのが通常である。

時には日本はどうするかをまず言わないと答えてくれないこともあるが、そのときに日本に問い合わせて返事をしようと思ったら、タイムリーな情報収集などできない。日頃から日本の考え方や動きをできるだけ把握しておいて、「自分の考えでは」と断りながら、日本はこうすると思うということを即答するしかない。

こういう意味では、取材する前の準備が極めて重要ということになる。そしてこういうやり取りをしていると、次第に相手との信頼関係が生まれて、もっと情報収集がやりやすくなる。

こうした手法は、帰国した後の政策立案に関し、関係者との意見交換や会話の中で相手の本音を引き出すうえでも、非常に役に立った。

このように、ドイツでの経験から学んだものは非常に多い。

1992年に帰国した後は、それぞれのポストの所掌の範囲で、学んだことを自分なりに活かすべく、工夫して取り組んできたつもりである。政策の内容についての考え方も、仕事の仕方も、ドイツに行く前と後では、かなり大きく変わったと思う。

第2章以下で、私が行政側の責任者の一人として関与した農政改革の内容を具体的に説明するが、その前に、帰国後、私が行政の役割や行政の進め方について、どう考え、実践してきたかを整理しておくこととしたい。

2　行政官の役割

国のシンクタンクとしての役割

国家作用の三権のうち、国会が担う立法と裁判所が担う司法を控除した残余の作用が行政であり、その内容は、法の執行、予算、外交交渉など非常に幅広い。

特に、内閣法第5条は内閣に議案提出権を認めており、実際に国会で審議される法案の大宗は内閣提出の法案であり、しかも国民の権利義務に関する重要な法案のほとんどは内閣提出である。

したがって、霞が関の行政官は、法案作成、即ち法制度の設計の権能を有している。

国会で議決され成立した法律を公正に執行するだけではなく、法令の執行状況や経済社会情勢の変化を踏まえて、法律そのものを見直し、または新しい法律を作る必要がある場合に、その原案を作り、閣議にかけて国会に提出するのも行政官の大きな仕事である。

法制度は経済社会の枠組みであり、この枠組みが時代に合わなければ、我が国の経済社会が円滑に発展していくことはできない。

そういう意味において、法制度の設計は行政官の最も重要な役割であり、霞が関は国のシンクタンクとしての機能を果たしていることになる。

我が国の経済社会の発展・国民生活の安定のために最適な法制度は何かということを、常に考え、その実現に向けて前向きに取り組んでいくことが、霞が関の行政官の最大の使命であると思う。

終戦直後から高度経済成長期にかけて種々の基本的な法律が制定され、その後も多くの法律が作られてきたが、現代の経済社会情勢に合わなくなっているものも散見される。また、ＩＴ、ＡＩといった先端技術の発達は目覚ましく、従来の法制度では、これを十分活用することができないなど、現在の法律が経済社会の発展を阻害していることもある。このような場合は一日も早く制度を改めなければならない。

私が大学生だった頃、有斐閣の『六法全書』は1冊であったが、今や2分冊になっており、法規制は増加する一方であるが、時代に合わなくなった規制は撤廃するなり、改正するなりの工夫をもっと積極的にやっていかなければいけない。

こうした見直しをするのが、行政の重要な役割である。

政と官の関係

法案の成立に至るプロセスは、政府内の調整、与党との調整、閣議決定、国会での法案審議という手順を踏むことになるので、国会議員との議論・調整は必要不可欠である。立法権が国会にある以上、これは当然のことである。

高度経済成長が終わってから、法制度の改革は、痛みを伴うもの、即ち、既得権を損なうものになるケースが多くなっているが、国会議員は、選挙を意識せざるを得ないため、自分からそのような改革を切り出したり、積極的に推進したりすることは難しい場合もある。

しかし、国の将来を真剣に考えている見識のある国会議員の方々の中には、行政サイドにそのような改革案を出すよう求め、また、改革案の実現に向けて様々な応援をしていただける方もいる。

そういう意味において、選挙を意識せざるを得ない政治家と選挙のない行政官がうまく役割分担をしていくことが必要だと思う。

選挙の洗礼を受けない行政官は、議院内閣制の下で、内閣・各省大臣の指揮を受けて業務を行うのが当然であるが、選挙がないということを最大限に活かして、将来の経済社会の発展・国民生活の安定につながる政策を冷静かつ客観的に考え、制度設計して提起していく責任がある。

3　制度設計の進め方

制度は、設計次第で、その政策の効果も違ってくるので、制度設計に当たっては、政策目的を踏まえて効果的・効率的な仕組みになるよう、よく考える必要がある。

制度設計が必要なのは、法律案の作成に限らず、法律の執行や予算措置についても、制度設計が必要なことも多い。

ここでは、制度設計のうちで最も時間と労力のかかる法案の作成を念頭に置いて、制度設計を進める際に私が重要だと考えてきたことを整理しておきたい。

これは、第2章から第5章までで説明する各種の政策改革を進める際の共通事項である。

課題設定

まず、課題の設定である。

例えば、農協改革、農地制度の見直しといったことがこれに該当するが、こうした大課題の下で具体的に解決すべきポイント（小課題）を設定するのも、課題設定である。

課題は、官邸・政治サイドから設定されることもあるし、行政側から設定していくこともあるが、いずれにしても、現行の法制度を執行し、現場の状況を熟知している行政官が、日常的に問題意識を持ち、何が課題であるかを把握し、解決策を腹案として用意していなければならない。

我が国経済社会の将来の発展につながる政策を、選挙を気にすることなく純粋に考え、問題提起し、選択肢を示すのが、行政官の最も重要な仕事である。

法制度は、まずは政府与党として決定され、その後国会で審議されるので、政治との調整は不可欠であり、スケジュールなどについて政治的配慮が必要になるのは当然であるが、まず行政官がきちんとした問題提起をしなければならない。

戦後70年以上が経過する中で、現在の経済環境・社会環境に合わなくなっている制度が、あらゆる分野で散見されるが、外部から問題提起される前に、行政の方が現行制度の問題点を整理し、時代に合った制度にするための改正案を用意しておくべきである。

ここ数年の農政改革関連法案の国会審議等に際して、「政府はこれまでこの制度が合理的だと説明してきたのに、なぜ改正する必要があるのか」といった質問が何度も行われたが、どの法制度も制定されたときはそれなりに合理性があるが、時代の変化によって合理性を失うのである。

そのような場合に、現行制度に固執することは、経済社会の発展を妨げることになる。

長く続いている老舗は、そののれんを守るために、絶えず時代の変化に対応する努力をしているのであり、国の法制度も全く同じことである。

こうした準備が日常的に行われていれば、行政側から課題設定を行うこともできるし、官邸や政治サイドの課題設定に的確に対応していくこともできる。

将来に向かって我が国経済を発展させるには、意欲があり、新しい発想やノウハウを有する人たちがその能力を活かして活躍できるようにしていくことが重要である。「世の中を前進させるのは、若者、よそ者、馬鹿者」といわれるが、そうした人々が活躍できなければ、この国の将来展望は見えてこない。米国でも、そうした人々が、ＩＴ、ＡＩなどを活用した新しい成長分野を切り拓いて米国経済を活性化させてきている。

こうした環境を整えるためには、既得権を損なう改革が不可欠なことがある。一方で、その課題が難しく、既得権を持つ勢力の抵抗が予想される場合には、その勢力が政治に働きかけて抵抗するので、課題を誰が設定するのか、また、課題設定のタイミングをどうするかも、よく考える必要がある。

正しい課題であっても、行政サイドから課題設定したのでは実現が難しく、官邸サイドからの設定が必要な場合もある。また、このタイミングでは実現は極めて難しいということもある。

物事を実現するためには、天の時・地の利・人の和というものが必要であり、これを無視すれば、できることもできなくなる。逆に、この判断が慎重すぎれば、何年たっても何も改革できないことになる。

したがって、その課題の大きさ・難しさを考えながら、課題の設定者や課題設定のタイミングをよく考える必要がある。

抜本的な改革は、政権が安定し、かつ、その政権が改革の方向性を明確にしている場合でなければ難しい。そういう改革が実行できる政権でなければ、我が国が国際競争力を持って発展していける環境を整えることはできないと思う。

また、重いテーマを政策課題としてセットするためには、政府与党のキーパーソンがその課題の解決が重要だという共通認識を持つ必要がある。

このためには、その制度のどういう点に問題があり、どんな方向で検討を進めるかというコンセプトペーパーを作り、それをもとに関係者の合意形成をしておくことが不可欠である。

資料作成

課題設定と資料作成は、ある意味でセットである。

資料作成がある程度進んでいないと、課題設定のためのコンセプトペーパーを作成するのも難しい。

ここでいう「資料」とは、その課題について政府内・与党・国会などで、徹底した議論を行うときのベースとなる資料のことで、そのテーマについて、現状を整理しながら、問題点・課題を明確にしたものを意味している。通常、「〇〇に関する現状と課題」といったタイトルになる資料である。

この資料に解決策の具体的な内容までは書き込まないが、議論を経て、最後に改革案がまとまったときには、改革案と「現状と課題」の平仄が合っていなければならない。

したがって、行政官としては、資料を作成しながら、解決策の選択肢を考え、それとの関係で、資料の作り方も工夫する必要がある。

この資料作成が制度設計において最も重要なところであり、この資料が分かりやすく明晰にできていなければ、適切な制度設計を行うことはできないし、関係者と意見交換する際に建設的な議論を行うこともできなくなる。

また、問題点や課題について、共通認識が形成できれば、解決策は一定の幅の中に入るはずであり、政策実現の目処はかなり立ったといってよい。そういう意味においても資料作成は極めて重要である。

資料の出来具合を見れば、行政が真剣にその問題を考えているかどうかは、一目瞭然である。

したがって、相当な時間をかけて準備する必要があり、大きな課題であれば、半年から1年かけて準備することもある。関係職員を集めて、議論し、様々な角度から分析し、データのとり方を工夫し、データをどう評価するのかを何度も詰めていく必要がある。
時間をかけて準備すれば、その過程で職員との意見交換や問題意識の共有ができ、組織の士気が高まるし、職員が無理な残業をする必要もなくなる。

資料作成は、データの分析と現場実態の把握の両面から対応することが必要で、この両者がかみ合っていない場合は、どちらかに問題がある。

まず、データの分析については、漠然と既存のデータを整理するだけでは、問題点や課題は浮かび上がってこない。日常的に問題意識を持つよう心がけるとともに、その問題意識に合ったデータのとり方・整理の仕方を工夫する必要がある。

例えば、2013年の農地バンク法制定の際には、データを根本から作り直す必要があった。

現時点における農地政策の課題は、意欲と能力のある担い手農業者に農地利用を集積・集約化し、農業の生産性を高めていくことにあるが、これを進めていくためには、現在、担い手農業者が利用している農地面積がストックとしてどれだけあり、それをどのくらいまで引き上げていくかを明確にしなければならない。

しかしながら、それまでのデータは、毎年、農地利用の権利がどれだけ「移動」したか、というフローの数字のみであった。しかも、賃貸借契約の期限が切れ更新する場合も「移動」としてカウントしており、政策立案の基礎として使えないものであった。このため、もとのデータに遡って集計を一からやり直す必要があり、作業に相当の時間がかかった。

データ分析と並んで重要なのは、現場の実態の把握である。分析が現場の実感と離れている場合には、分析に問題があるわけで、現場を見て、また現場の農業者と意見交換をして、実感と合った分析になるように工夫していくことが必須である。

むしろ、日頃から、将来を担う農業者、現場で創意工夫をしながらリスクをとって新しいことにチャレンジしている人たちと意見交換を積み重ねていくことが、課題設定においても資料作成においても決定的に重要であると思う。

私自身は、1994年に農業者の経営ニーズに対応したスーパーL資金制度の創設を担当したことを契機に、資金を利用している専業的な農業者の方々との濃密な付合いが始まり、本音で日常的に意見交換できる状況を作り上げてきた。

農地バンク、農協改革をはじめとする農政改革の中身も、こうした農業者との意見交換の中で具体化してきたものである。

現場の意見を聞く際に、注意しなければいけないのは、業界団体や地方公共団体の考えは必ずしも現場の実態と合っているとは限らないということである。農業者、特に地域をリードするような担い手農業者と団体・地方公共団体とでは考えが違うことも多い。

例えば、業界団体はすぐ補助金の要請をするが、担い手農業者は、補助金は麻薬のようなもので、これに依存したら、経営が自立できなくなると考えている人も多い。ＴＰＰ協定（環太平洋パートナーシップ協定）などの貿易交渉についても、業界団体は、譲歩反対の一色となるが、担い手農業者は、自分たちの競争力をつけることを重視し、貿易交渉をそれほど気にしていない人も多い。また、団体自身の在り方について、団体と農業者の意見は相当異なっている。

現場の実感も踏まえた資料ができていれば、与党や国会において議論されても、確信を持って説明していくことができるようになる。

そして、この資料がきちんと作成できれば、問題を解決するための処方箋も明らかになる。処方箋は、問題点・課題に正面から応えるものでなければならない。構造的な問題には構造的な改革案が必要であり、小手先の改善案を作っても解決にはならない。

処方箋は、調整・交渉の最後に、合意文書として整理することになるので、分かりやすく、ポイントが誰にでも理解できるものとして整理・準備しておく必要がある。

スケジュール

次に考えなければならないのは、法律制定までのスケジュールである。

スケジュールは、まず大枠を決め、作業の進行に伴って、次第に細部を詰めていくことになる。課題を設定するときに、そのテーマの大きさを考慮し、また、分かる範囲で政治日程も睨みながら、大枠としてのスケジュールを立てる。

資料作成にどの程度の準備期間が必要か、与党との調整にどの程度の時間が必要か、選挙がいつあるかなどを、検討したうえで、いつの国会に法案を提出するかを決め、そこから逆算する形で、資料を完成させるタイミング、政府内で調整する時期、与党での調整をいつ頃開始し、いつ頃まとめるかなどを決めていく。

調整が難しい課題であれば、まず改革の「方向性」を政府与党で固めたうえで、それを踏まえた「具体的改革案」を次のステップで固めるという2段階のスケジュールを作ることもある。

例えば、2015年の農協改革法の場合は、2014年6月の段階で、政府与党で農協改革の方向性を固め、2015年2月に具体的改革案を固め、同年4月に法案を国会に提出している。

また、2018年の水産改革法の場合も、2017年11月の段階で、政府与党で改革の方向性を固め、2018年6月に具体的改革案を決め、同年秋の臨時国会に法案を提出している。

大枠のスケジュールを固めて動き出すと、いろいろな状況の変化が出てきて、調整を迫られることもある。

場合によっては、衆議院の解散といった政治日程が突然浮上し、スケジュールの大幅な再調整を迫られることもある。

2015年の農協改革法は、まさにこのケースで、当初は、2014年6月の方向性の取りまとめを踏まえて、同年秋に未調整の問題を含めて具体的改革案を検討する予定であったが、同年秋の衆議院解散により、年明けに延期せざるを得なかった。

また、調整・交渉が始まる段階になると、より細かい、週単位・日単位のスケジュールが必要になる。調整・交渉は生き物なので、決めたスケジュールを守ればよいわけではなく、常に状況の変化を踏まえて、今後のスケジュールを再調整する必要が生じる。

改革案をまとめていくためには、スケジュールは改革内容と同等の重要性を持っており、これを疎かにすると、まとまるものもまとまらなくなる。

調整にもう少し時間が必要と思えば数日スケジュールを延ばすこともあるし、逆にこの日にまとめないとまとめる機運を失うという場合には、一日のうちに午前と午後の2回会議を設定して、午後の会議でまとめるということもある。この判断は、責任者があらゆる情報を集約したうえで行わなければならない。

したがって、調整・交渉が佳境に入ったときは、主要な関係者とは日々情報を共有して、合意のうえでスケジュールの再調整や今後の準備をしていく必要が生じる。

私の局長時代は、重要な調整局面では、局内の関係者を毎日夕方に局長室に集め、情報を共有したうえで、翌日以降に向けてそれぞれがやるべきことを明確にするということを行っていた。

この会議は短時間で効率的・効果的に行うことが必須である。

また、省外のキーパーソンとの情報・対処方針の共有にも、毎日相当な時間をかけ、行き違いが生じたり、今後の段取りを間違うことのないように、細心の注意を払っていた。

調整・合意

調整の難易度は、課題にもよるし、それに対する関係者の反応にもよる。

特に、改革により既得権を損なうと考える業界団体がある場合には、その反応次第で、調整のやり方が大きく変わることになる。

相手側に志を同じくするキーパーソンがいるか否かも大きく影響する。わずかであっても、そういうキーパーソンがいれば、その人と連携することで、相手側の方針を改革の方向でまとめることができ、与党との調整もスムーズに進む。

しかし、そういう人物が全くいない場合には、与党との調整は相当厳しいものになる。

2001年のJAバンク法（ペイオフを乗り切るために農林中央金庫を中心とする金融システムを構築する法律）については、農林中央金庫の役員・幹部職員のほとんどは猛反対していたが、農林中央金庫の中にもごくわずかではあったが、改革をしないとペイオフを乗り切れないと考える幹部がいた。また、当時の全国農協中央会の会長も、高い見識のある方で、課長の私を全面的にサポートしていただいた。この結果、与党との調整も円滑に進み、法律は成立した。

これに対し、2015年の農協改革法は、全国農協中央会をはじめ、農協関係者の中に、改革を推進すべきというキーパーソンが全くいない状況であった。このため、団体との調整がつかないまま、与党との激しい調整に入ることになった。

法案を国会に提出する以上、現在のシステムの下では、与党の了解は必須である。与党と密接な関係にある団体が反対している場合、与党との調整は難しくなるが、見識ある与党の幹部議員に現状と課題を共有していただき、適切な判断をしていただくように全力を挙げるほかはない。このような場面では、責任者である担当局長が、不退転の覚悟を持って調整に臨む必要がある。

調整の結果については、文書でまとめることが必要不可欠である。文書でまとめておけば、次の段階ではそれが議論の前提になり、議論が逆戻りしたり、骨抜きにされることを防止することになる。

その意味で、合意文書は極めて重要であり、よくよく考えて作ることが必要である。まとめることを優先しようとして抽象的な文書にすれば、次の段階で議論を一からやり直す羽目になることもある。

調整がある程度進んだ段階では、この文書の表現そのものが最大の調整事項になる。

また、この調整を円滑にするために、当初案をかなり吹っかけたものとし、調整材料を作るという人もいるが、私は、これを無理に作ることは避けるようにしてきた。先輩職員から、「どうしてそんなに狭い幅の中で交渉するのか」と言われたこともある。しかし、当初案そのものを論理的に説明できなければ、調整は円滑に進まず、意図した結論に到達することも困難になる。

私は、問題点を踏まえて論理的に考えられる解決策をできるだけ網羅的に、かつ緻密に提示し、議論の過程で、相対的に優先度が低いものについて施行時期を遅らせるなどのやり方で調整することが望ましいと考えている。

条文作成

改革内容についての与党の合意が得られれば、それを踏まえた法律条文を作成することになる。実際には、課題設定の段階で、法律のどこをどう直すかというイメージがなければならないし、「現状と課題」の資料作成をしながら、その課題を解決するための条文作成が進んでいくことになる。

条文作成に当たっては、読めば趣旨が理解できる、分かりやすい条文にするようにしなければならない。

実際にはこれがそう簡単ではない。既に交付されている法律を見ても、分かりにくい条文は多いし、法案作成過程でチェックしていれば、極めて分かりにくい条文案を目にすることも稀ではない。

やろうとしていることを整理し、その論理的順番を考え、言葉を選び、一文が長くなることを回避しながら、作成していく必要がある。

条文作成に際して最も大切なことは、重要な改革のポイントについて、改革の魂が入った条文にすることである。

一見もっともらしい条文でも、改革を進めるためのポイントが入っていなかったり、ポイントがずれていたりすれば、意味はない。

条文は政府与党で合意した改革内容と異なるものであってはいけないので、政府与党の合意内容そのものを的確に作っておく必要がある。逆にいえば、条文骨格を早い段階から詰めたうえで、それを踏まえた合意を作ることが重要である。

法案作成は事務的な作業のように見えるが、極めて本質的な作業である。「戦略は細部に宿る」のであり、骨抜きにならないよう、担当職員任せにするのでなく、責任者である局長が、何度も点検しなければならない。

私が局長のときは、改革の意を尽くした条文案作成までに10回程度、その後も内閣法制局等での修正のたびごとに骨抜きになっていないかなどの点検を行ってきた。

私自身は、若い頃、大臣官房文書課の法令審査官を3年経験し、条文作成の技術や他省庁の法律制度も勉強する機会があった。この経験は、局長として法改正を伴う案件を扱うときに大変役に立った。こういう施策が法律になるかどうか、法律をどう組み立てればよいかといったイメージがわくかどうかで、政策判断は変わってくることもある。

しかし、一方で、過去の前例にとらわれたり、条文作成の細かい技術に縛られると、大きな制度改革は発想しにくくなる側面もある。

そういう意味で、私は、若手職員には、「条文作成技術はよく勉強して身につけたうえで、一旦忘れるべし」と指導してきた。

国会審議

法案は、与党の調整プロセスを経た後、閣議決定され、国会に提出される。

国会審議は、議事録が公表される正式な世界であり、きちんとした答弁が必要になる。

また、野党からもっともな指摘があれば、法案を修正することも考える必要が出てくる。国会答弁は、大臣が中心となるが、政府参考人として局長が答弁することも多い。

答弁は議事録に残るものであり、また大臣と認識を共通にしておくことも重要なので、答弁資料（いわゆる想定問答）を事前に準備することになるが、通常、国会審議の前日の深夜あるいは当日朝までかかることになる。これをできるだけ効率的に行う工夫も必要である。

課題設定から始まる一連のプロセスで、いろいろな資料を準備し、考え方も整理してきているのであるから、それを効率的に使うことがまず基本である。局内の関係課の職員の分担体制もあらかじめ明確にしておき、無駄な調整プロセスを排除して、極力短時間で答弁書を準備できるようにする必要がある。

分担体制については、国会議員に質問を聞かせてもらいに行く人、答弁を作る人（分野別に担当を分ける）、答弁の局長クリアを取る人などを必要数ずつ指名しておく。このときに適材適所で配置することが重要である。

また、答弁の調整プロセスについては、担当課長が見たら次は国会での答弁にあたる局長が見ることとし、それ以外の人は見ない。また、難しい質問については、質問が取れた段階で、局長が答弁のラインを指示することも時間短縮につながる。

こういう体制整備が事前にできているかどうかで、作業のスピードは格段に違ってくる。

また、答弁資料自体は、実際に使う立場に立ってみれば、視覚に訴えるものが使いやすい。文章をだらだら書くのではなく、番号をつけ、箇条書きも使い、キーワードが明確で、論理的かつ簡潔明瞭なものが望ましい。

私自身は、答弁資料とは別に、その法案についての基礎的なデータなどをすぐ使えるように整理し、これさえあれば答弁資料は不要という状態にしておいた。

国会質疑の現場では、事前通告のない質問が出ることもあり、法案に関することで担当局長が答えられないという事態は避ける必要があるので、何を聞かれても対応できる準備が大切だと思う。

マスコミとの関係

課題設定から法案成立に至るプロセスの中で、マスコミとの関係も常に留意しておく必要がある。

重要な政策を決定する際には、マスコミも重要なプレーヤーの一人である。マスコミの報道によって世の中の真剣な検討が開始されることもあるし、報道ぶりが関係者の判断に影響することもある。

したがって、マスコミには、正確な報道をしてもらう必要があり、行政としても、背景説明を丁寧に繰り返す必要がある。

私は、局長・次官のとき、行政官は黒子であるのでインタビューには一切応じないことにしていたが、背景取材には積極的に対応するようにしていた。

「現状と課題」をきちんと認識してもらい、共通認識の下に記事を書いてもらえば、政府与党での議論を進めるうえでもプラスになる。

業界紙の中には、全く取材に来ないのに、事実と反する記事や、改革の目的を全く違ったものにすり替え、関係者の誤解を招くような記事を掲載するところもあったが、こういう報道は、議論を進めるうえでも、政策効果を出すうえでも、大きな障害となる。少なくとも「報道機関」を名乗るのであれば、こうした姿勢は改めてもらう必要がある。

マスコミに説明する際に気を付けなければいけないことは、正確に話をすること、その段階で言うことができないことは決して言わないこと、そして、絶対に嘘はつかないことである。嘘をつけば、結局マスコミとの信頼関係をなくし、マイナスの結果しか生まないことになる。

言えないことは言えないが、それを放置しておくと、嘘をつかなくても、相手をミスリードしてしまうということもある。ここが一番微妙なところで、相手をミスリードしていると思ったときには、そこを軌道修正してもらう工夫をすることになる。

第2章

農地バンク法を軸とする農政改革

1　農政改革の基本的考え方

2013年から、安倍内閣の下で農政改革が始まった。総理を本部長とする「農林水産業・地域の活力創造本部」を軸に、主要テーマについては、規制改革会議（その後、規制改革推進会議に改組）、産業競争力会議（その後、未来投資会議に改組）での議論も行われ、農地バンク法、農協改革、農業競争力強化プログラムなどの農政改革が「農林水産業・地域の活力創造プラン」として決定されてきた。

個々の政策については後述するが、これらの一連の改革が目指しているものを、私なりに整理しておきたい。

日本と世界の人口動向

まず、前提として踏まえておかなければいけないのが、日本と世界の人口動向である。

国内の人口は、今後2050年までに約20パーセント減少し、2015年の1億2709万人が1億192万人になると見込まれている（国立社会保障・人口問題研究所「日本の将来推計人口（平成29年推計）」）。人口減少だけでなく高齢化が進展することを考えれば、飲食料品のマーケット規模はこれ以上に減少すると考えられる。

したがって、従来のように、国内需要に合わせて生産するというやり方を続ければ、日本の農業は、じり貧になっていくということである。

一方で、世界の人口は、今後２０５０年までに約30パーセント増加し、２０１５年の74億人が98億人になると見込まれている（国連「世界人口予測　２０１７年改訂版」）。途上国が経済発展して購買力がつき、更に食生活が高度化して畜産物需要が増加すれば、飲食料品のマーケット規模は人口増加以上に拡大すると考えられる。

世界市場を視野に入れ、これに対応できる環境を整えていけば、農業は十分に発展していく可能性があるということである。

農業政策の目指すもの

農業政策が目指すのは、農業が産業として自立し、成長産業となり、食品産業とともに発展して地域経済の向上に貢献することである。

そのためには、「意欲と能力のある担い手農業者に農地利用を集積・集約化すること」「担い手農業者の農業経営の発展を促進すること」、そして「農業界と経済界の連携を促進すること」が必要である。

中でもベースになるのが、「意欲と能力のある担い手農業者に農地利用を集積・集約化すること」である。これについては、農地バンク法のところで詳しく説明するが、この問題が解決しないと、その他の政策も十分な効果が得られない。

担い手農業者に農地利用を集積すれば、農業生産の大部分は経営能力を持った農業者によって担われることになり、そうした農業者の経営判断で6次産業化や輸出も含めて積極的な経営展開が行えるようになる。

また、農地の集約化によって、担い手農業者が、分散していない、まとまった農地が利用できるようになれば、農業機械の利用効率が大幅に上昇し、ドローン、無人トラクターなどの先端技術も効率よく活用することができるようになる。

担い手農業者の経営発展の促進

農地利用の集積・集約化を図る際に、その受け手となる担い手農業者が相当数いることは必須であり、また農業を成長産業にしていくには、その担い手の経営が発展していかなければならない。

このため、「担い手農業者の農業経営の発展を促進する」環境を整えることが必要になるが、これには、法人化、新規就農、企業参入、融資・出資、セーフティーネットなど種々の政策が含まれる。

国費を使うことのみが政策ではなく、第3章で取り扱う農協改革も、担い手農業者の経営発展を支援する環境整備の一環であるし、生産資材の価格引下げ、農産物の流通構造の改革などもこのための政策である。

家族経営も重要であるが、経営が発展していけば、雇用・資金調達などいろいろな面で法人化を真剣に検討せざるを得なくなる。

実際に、法人経営体の数は、２０００年の５２７２が２０１０年には１万２５１１と２倍以上になり、２０１８年には２万２７００となっている。このうち、１億円以上の販売額を有するところが２割以上ある。

また、農業者の年齢構成をバランスのとれたものにしておかないと、将来にわたって農業を継続していくことができなくなるので、若い人の農業への新規参入も促進する必要がある。

そのために最も有効な対策は、農業を儲かる産業に、そして発展する産業にしていくことであり、自由に創意工夫で取り組める産業にしていくことである。

「農業は厳しい」「儲からない」「補助金が必要だ」ということを言い続けていれば、マイナスの効果しかない。

ここにきて、若い人の農業に対する見方もかなり前向きなものに変わってきており、法人経営への若い人の雇用就農には展望が見えてきているし、若い女性が農業に参入する事例も目立つようになってきている。

担い手農業者が不足している地域においては、優良農地を維持して耕作放棄地の発生を防ぐ意味でも、企業の農業参入を積極的に進めていく必要がある。

既に2009年の農地法改正で、農地を借りるリース方式であれば、上場企業を含めて誰でも農業に参入できるようになっており、農地バンクから企業への農地の貸付けなどを積極的に進めていく必要がある。

なお、農地所有については、制限があり、今後も検討されていくことになるが、農地価格が下落傾向にあり、しかも、売買価格が収益価格（賃料の25年分程度）に比べて割高なケースも多いことなどを考えると、当分、農地流動化の主力はリース方式であると考えられる。

農業者の経営展開に必要な資金については、融資や出資が円滑に行われるようにしておくことが必要である。補助金が利用できる場合にそれを活用することはあり得るが、経営をしていれば設備投資にはタイミングというものがあり、必要なタイミングで使えるとは限らない補助金よりも、必要なときに必ず利用できる融資制度の方が、農業経営にとっては重要である。

この点では、1994年に整備した農林漁業金融公庫（当時。現在は日本政策金融公庫）のスーパーL資金があり、これについては後述する。

また、農業は、自然災害などのリスクを抱えており、一度の災害などで経営を継続できなくなるようなことは望ましくない。このため、セーフティーネットとしての保険的な仕組みも必要である。

農業界と経済界の連携の促進

更に3つ目として、「農業界と経済界との連携を促進すること」も重要である。これまで、農業界と経済界は対立構造でとらえられることが多かったが、両者が連携協力すればお互いにメリットがある。

食品メーカー・外食企業あるいは量販店抜きで農産物の販売を考えることはできないし、企業の有している先端的な生産技術・経営ノウハウなどは農業にも十分に活用でき、活用すれば、生産性が飛躍的に向上する場合もある。

経済界の農業に対する関心は高く、経済団体の農業関係の会合に出席すれば、数百社が関心を持って集まってくるようになっており、こうした状況を積極的に活用していく必要がある。

以上のような方向性を意識しながら政策を展開し、関係者がこれを活用していけば、それぞれ

将来の日本農業の姿（イメージ）

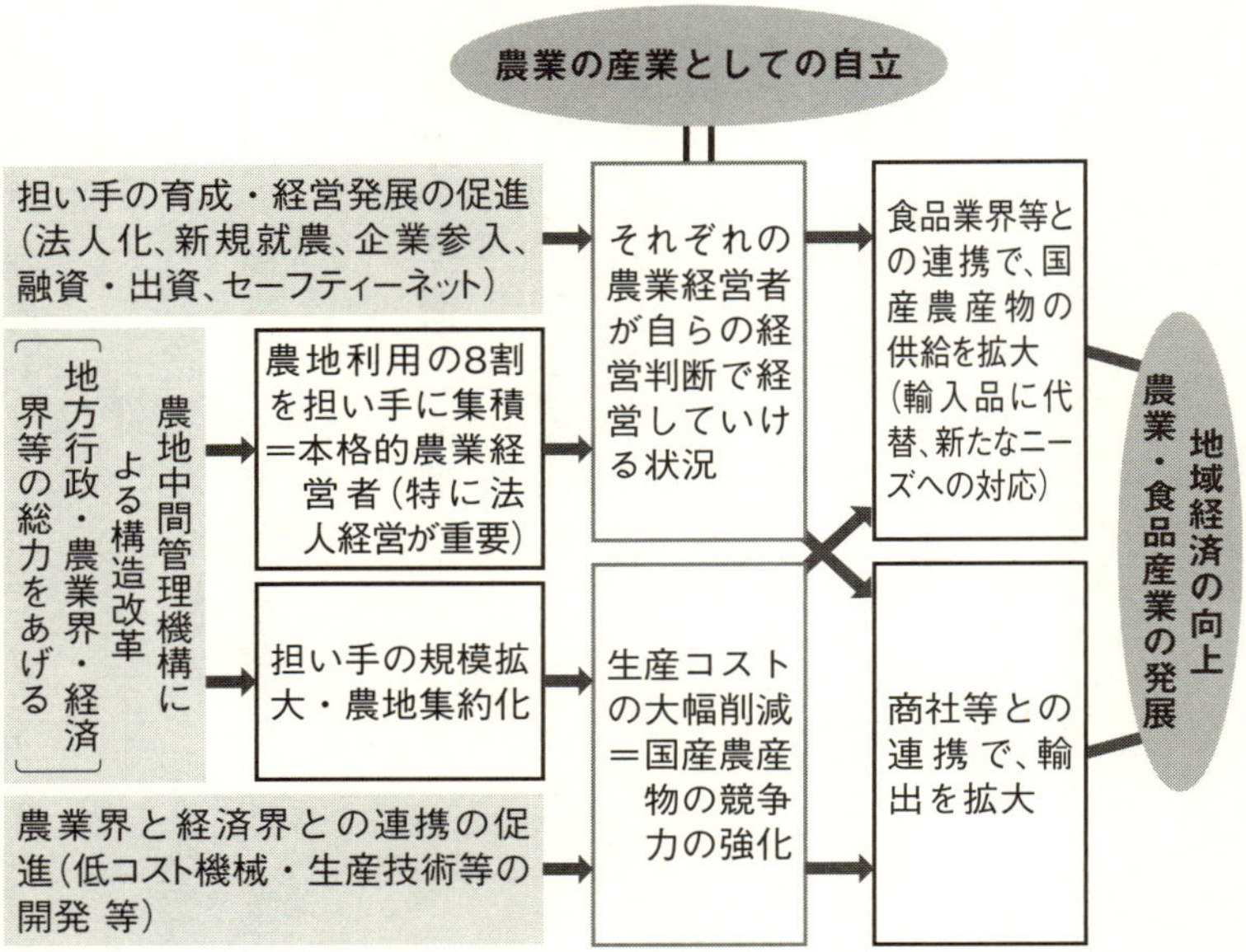

の農業経営者がその能力を最大限に発揮して経営していける状況になり、生産コストも低下して国際競争力も強化される。

そして、農業者と食品業界等との連携で輸入品に代えて国産農産物の供給を拡大し、また、農業者・食品メーカーと商社等との連携で輸出も大きく拡大していくことになる。なお、輸出については、2019年に1兆円とすることを目標として、地道な取組みを積み重ねてきており、2018年には9000億円を超えた。

こういう道筋を経て初めて食料自給率は向上することになる。補助金を投入しさえすれば自給率が上がるわけではない。

繰り返しになるが、農政改革のポイントは、意欲と能力のある農業者が、その能力を最大限に発揮して経営を発展させていくことのできる環境を整備することである。

2 農地バンク法

農政改革の軸となるのが、農地バンク法である。

農業の生産性を高めるには、意欲と能力のある農業者のところに農地を集積し、しかも集約化して、分散していない、まとまった面積を使えるようにすることが必要不可欠である。

既に数十ヘクタールの農地を利用する農業者もかなり存在するが、合計面積は大きくても、その圃場は分散しており、圃場の枚数が数百にも及ぶというケースが珍しくない。これでは、生産性は向上しない。

私は、2011年8月に経営局長に就任し、入省以来初めて農地制度を所管することになった。これまでも、農地問題は農業政策の最も重要な要素であると考え、勉強しながら構想を温めてきたが、ようやく、これを実行することのできるポジションに就いたことになる。
局長就任直後から準備・検討を進めていたが、２０１２年の年末に安倍内閣が成立し、農政改革に本格的に取り組み始めたことを踏まえて、２０１３年秋の臨時国会に提出して成立したのが、農地バンク法（農地中間管理事業の推進に関する法律）である。

制度の骨格

この制度の骨格は、

①各都道府県に一つずつ、都道府県の第3セクターとして「農地バンク（農地中間管理機構）」を指定する。

②農地バンクは、農地の出し手（所有者）から農地を借り受け、農地の受け手（農業経営者。個人・法人・企業を含む）に転貸する。

というものであり、このプロセスが透明かつ公正に行われるようにするためのルールが設けられている。

従来の農地流動化施策は、基本的に、農地の出し手と受け手の間を斡旋しておしまいというものであったが、農地バンクのスキームは、常に、出し手と受け手の間に、農地バンクが介在しているという点にポイントがあり、このため、正式名称は、「農地中間管理機構」となっている。

農地バンクの仕組み

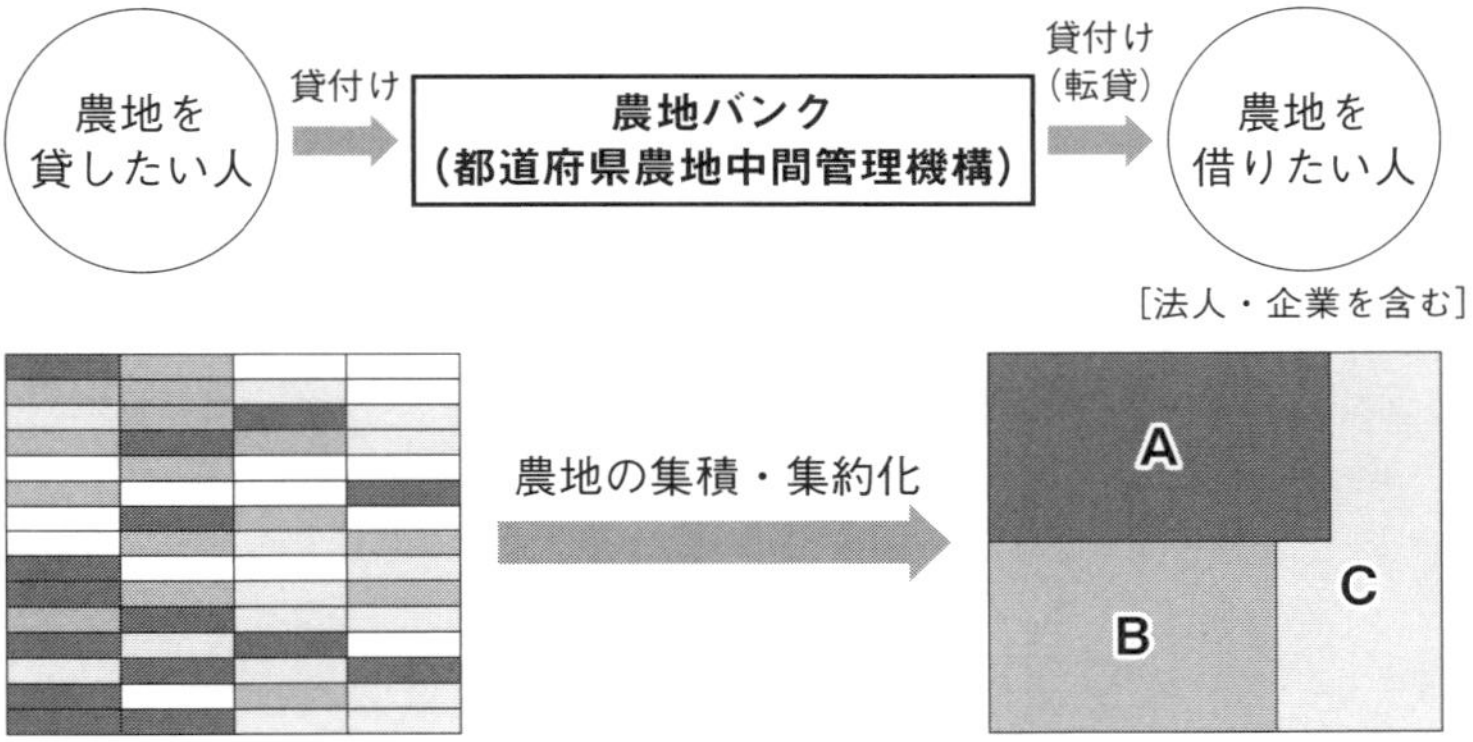

※農地バンクは、出し手・受け手の間を繋いでおしまいではなく、常に中間に存在しており、農地バンクへの農地の集積状況に応じて、受け手に対する転貸農地を変更して理想的な農地利用状況に近づけることができる

（出所）農林水産省資料

斡旋しておしまいであれば、その農地はその受け手がそのまま使い続けるしかないが、農地バンクのスキームであれば、農地バンクにその地域の農地がある程度集まってきた段階で、どの受け手にどの農地を転貸するかを決め直すことができ、農業者の利用する農地の集約化を進めることができる。

したがって、農地の集積だけでなく、集約化まで目指すのであれば、農地バンクの方式を活用していくほかはない。

また、農地バンクの役職員には、個々の農地を扱う不動産業者の意識ではなく、地域の農地利用を最適化しようというデベロッパーの意識で仕事をしてもらうことが重要であると考えている。

なお、農地バンクの制度設計に当たっては、担い手農業者や都道府県の農地担当部長など意見交換を何度も行った。まず、農地の集積・集約化についての意見をよく聞き、それを踏まえたスキームの案を作ったうえで、その案についての意見を聞くことを繰り返した。現場で生きる制度にしていくことが重要である。

農地解放の功罪

戦後の民主化の一環として行われた農地解放は、国が地主から農地を買い上げ、小作人に売り渡して、自作農を創設したものである。これにより、1ヘクタール弱の零細・均質な農業者が多数生まれることになった。

さらに、1952年に制定された農地法は、この農地解放の成果を維持することを目的とし、2009年の法改正までは、「農地は所有者によって利用されるべきもの」という考え方が明記されていた。

この農地解放は、小作農が自作農になることにより生産性を向上させ、輸入するほど不足していた米の増産につながるという効果を持ったが、農業構造の観点から見ると、構造改革の阻害要因となった。

即ち、高度経済成長の過程で、30代、40代、50代という働き盛りの世代が大量に農村部から都市部に移動したが、残された家族によって農業が継続され、農地解放で所有地となった農地は流動化しなかった。

この結果、何年たっても平均経営面積が1戸当たり1ヘクタール程度という状況は変わらなかったのである。

仮に、農地解放の時点で、国が買収した農地を農業者に例えば無償で貸し付けていたとしたら、高度経済成長の過程でどうなったであろうか。働き盛りの世代が都市部に出て行く際に、農地を国に返してもらい、これを農村部に残って農業に本気で取り組む人に貸し直していれば、高度経済成長とバランスをとって農業経営規模も拡大し、農業の生産性向上も実現できたのではないか、とも考えられる。

こういう考え方に立って、農地利用の担い手農業者への集積・集約化を図ろうというのが、農地バンク制度の狙いである。ただし、現在の経済環境の下で、国・都道府県には農地を買い上げるだけの財政力はないので、農地を買うのではなく、借りて、転貸するというスキームになっている。

時間をかけた資料作成

農地バンク制度を実現するには、農地をめぐる現状と問題点を整理し、関係者との議論の素材となる資料を作成しなければならない。

経営局長に就任してから、このためのデータの整理を始めたが、従来のデータは問題意識が不十分でほとんど役に立たず、一からデータを作り直す必要があった。

これまでのデータは、毎年、農地の所有権移転（売買）面積がいくらだったか、利用権設定（貸借）面積がいくらだったか、というフローのデータであった。

高齢農業者のリタイアなどにより、近年、毎年の農地利用権設定面積は増加し、流動化のペースが上がっていることは分かるものの、担い手農業者にどれだけの農地利用面積が集積されているのかというストックのデータは、改めて分析をする必要があった。

現在の農地政策の目的は、担い手農業者に農地利用を集積・集約化し、生産性の高い農業構造を作っていくことであり、この政策を進めるには、ストックベースの数字が分からなければならない。

このため、もとのデータから再整理をして、ストックの状況が分かるようにすることから始めた。

再整理の結果、2000年から2010年にかけて、担い手農業者の農地利用面積シェアは約3割（27・8パーセント）から約5割（48・1パーセント）へと拡大していることが判明した。高齢農業者のリタイアにより農地は担い手農業者に集積する方向でかなり動いているわけで、農地バンクを活用してこの流れを加速し、更にまとまった面積が利用できる集約化までつなげていけば、農業構造は大きく変わるはずである。

また、これまで、平均耕作面積が1ヘクタール程度で変わらないということだけが強調されてきたが、経営規模階層ごとに分析してみれば、農業構造がかなり変わってきていることも明確になった。構造は平均値だけを見ていては分からない。

多数の小規模兼業農家が存在するので、1戸当たりの平均規模はあまり変化していないが、大規模農業者は、人数シェアでは少数派ではあるものの、経営体数も農地利用面積も確実に増大しているのである。

政策に関係するデータのとり方、分析の仕方については、常に政策目的との関係で適切かどうかをチェックして、必要な場合には大きく見直しを行っていく必要がある。

施行後も運用実績を見ながら改善

農地バンク法については、2013年に産業競争力会議、規制改革会議で議論されたうえで、総理を本部長とする「農林水産業・地域の活力創造本部」で決定され、同年秋の臨時国会に法案が提出され成立した。

産業競争力会議も規制改革会議も、農地の集積・集約化については極めて前向きであったが、農地バンクを実効性があり、新規参入を排除しない公正な制度とする観点から、種々の意見が出され、これも踏まえて制度設計が行われた。

農地バンクは２０１４年から実質的に動き出し、農業者戸別所得補償（米を作れば、０・１ヘクタール当たり１・５万円が支給される）の下で数年間停滞していた農地の流動化が、再び動き始め、担い手農業者の農地利用面積シェアは、２０１４年50・3パーセント、２０１５年52・3パーセント、２０１６年54・0パーセント、２０１７年55・2パーセントと上昇してきている。

しかしながら、２０２３年に8割という高い目標を設定しているため、これを達成するには、更なる努力を積み重ねていく必要があり、毎年度、農地バンクの実績や運用状況をチェックしながら、順次、改善策を講じてきている。

例えば、都道府県別の農地集積の進捗状況を順位をつけて公表することで、都道府県の真剣な取組みを促すという措置を導入した。

耕作放棄地の発生を防止し、農地バンクへの貸付けを促すため、税制上の措置として、固定資産税を耕作放棄地では加重し、農地バンクに預けた際には軽減する仕組みも導入してきた。

また、農地バンクを推進していくと、農地の基盤整備事業との関係も問題となってくる。

今後、高齢化の進展とともに、所有者から農地バンクへの貸付けは増加していくと考えられるが、農業者は農地バンクからどんな農地でも借りるわけではない。整備され生産性が高い農地でなければ、借り手が見つからず、農地バンクにデッド・ストックとして溜まっていくことになる。

したがって、農地を整備することが必要になるが、従来の土地改良法では、基盤整備事業を行う場合には所有者が1割強の負担をしなければならない制度となっている。農地バンクに農地を預けた所有者がこの負担をすることはまず考えられず、これを放置すれば、農地利用は動いていかない。

このため、農地バンクに一定期間以上預けた場合には、農地の大区画化などの基盤整備事業を行う際の所有者負担をゼロにすることとし、2017年に土地改良法の一部改正が行われた。なお、戦後の農地解放で農業者に農地の所有権を与えたことが、農地の基盤整備事業が、道路などの他の公共事業と異なり、所有者負担を求める原因となったという側面もある。

また、従来は、契約書なしで事実上農地の貸借が行われていたケースもあるが、農地バンクが扱う場合、契約書を作成することが必要になる。相続が繰り返され、それが登記されていないと、契約の相手方である所有者を特定することが非常に難しいケースが出てくる。いわゆる所有者不明土地問題である。

農地の集積・集約化の観点からもこの問題の解決は必須であり、2018年の農地法等の一部改正では、相続人の一人が固定資産税を払っている場合などには、簡易な手続でその者を所有者として農地バンクとの契約を締結できるという措置を講じている。

所有者不明土地の問題は、我が国の民法がフランス民法を参考に制定されたため、登記が対抗要件にとどまっていること（所有権は登記なしに移行するが、第三者に対抗するには登記が必要）

に端を発しており、不動産価値の低いところでは登記がなされず、相続が繰り返されると所有者の判別が非常に難しくなる。

これに対し、ドイツ民法は登記が所有権移転の効力発生要件になっており、これも参考にして、問題の本質的な解決が一日も早く実現することを期待している。

農地バンクの活用

農地バンクは都道府県に一つずつ設けられており、県ごとに取組みの濃淡があるのも事実である。

農地バンクのトップが、人と農地の問題を解決しないと自県の農業の将来はないという強い危機感を持って、日常的に各市町村・各地域を回っているところでは大きく成果を上げている。

高齢農業者が増大している以上、どの地域も数年のうちに耕作放棄地が増大しかねないが、一旦耕作放棄地になると農地に戻すのは大変であり、少しでも早く農地を担い手農業者に円滑に移していく体制を整備していく必要がある。

農地バンクを活用できるかどうかは、地域の農業関係者の危機感にかかっている。

農地利用の集積・集約化に向けた地域の話合いの一助として、農林水産省では、市町村に農業者に対するアンケート調査を行うことをお勧めしているが、多くの地域では、10年後の当該地域の農業の見通しについては、担い手が減少し耕作放棄地が増えると回答しつつ、10年後の回答者自身の経営については、現行どおりという回答がほとんどを占めている。

頭では分かっていても自分の行動にはつながっていないということである。

この総論と各論のミスマッチを解消していくのが、県、市町村、農業委員会、農地バンクの仕事であり、現場の関係者の話合いを進めるなど、地道な活動を繰り返していく必要がある。

中でも、農業委員会は、人と農地の問題を解決することを本務とする、市町村の独立行政委員会であり、その活動を活性化する観点から、2015年には、農協改革とセットで農業委員会改革も行われている。農地利用の集積・集約化で成果を上げないと存在理由を問われることになりかねず、積極的な活動が期待される。

地域の関係者の合意形成がうまくいくのであれば、その地域で農地を利用しているすべての人がすべての農地を一旦農地バンクに預け、農地バンクはとりあえず従来どおりの利用者に転貸するのも一つの方法である。

こうしておけば、高齢者のリタイアなど状況の変化に応じて、誰がどこを耕作するかという区割りをやり直して、それぞれの農業者が集約化された、まとまった農地を利用できるようにしていくことが円滑に行えるようになる。

なお、1961年に農業基本法（1999年に制定された食料・農業・農村基本法の前身）が制定されたが、この当時の農林水産省は、「日本農業を発展させるにはどうしたらよいか」ということを真剣に検討しており、この中で、経営規模の拡大による自立経営の育成を方向性として打ち出していた。

農業基本法制定後、これを踏まえて、1965年及び66年の2度にわたって、農地管理事業団法案が国会に提出された。これは、農地の流動化のための本格的な仕組みを作り、農業の規模拡大を推進しようというものであったが、離農促進であるとする野党の反対にあい、2回とも廃案になっている。

農地バンク法は、この農地管理事業団法案からもヒントを得て構想したものであることを付記しておきたい。

3　スーパーL資金

担い手農業者の経営発展の支援を考えるとき、融資制度は重要な柱であるが、これについては、既に1994年にスーパーL資金が創設され、多くの担い手農業者に活用されてきている。これは、私が、ドイツで学んだことを活かして最初に関与した政策であるので、説明しておきたい。

私は、1992年にドイツから帰国して、経済局金融課の課長補佐となった。この課の所掌には、政府系金融機関が貸し付ける「政策金融」の分野と農林中央金庫・農協等の「農協金融」の分野の2種類があった。

このうち、「政策金融」というのは、補助金と並ぶ政策推進の手法であり、政府系金融機関である農林漁業金融公庫（当時。現在は日本政策金融公庫）が一定の条件を満たす農業者に有利な条件で融資するというものである。

補助金は、これまで原則として、複数の農業者の共同利用にしか交付しないこととされており、このこととの関係で、個別経営の経営展開に必要な場合は融資で対応することになっていた。

このため、単に生産して農協に出荷しているのではなく、自分で付加価値をつけて直接販売をしたり、加工までやったりする農業者にとっては、融資が重要な役割を果たしていた。

経営発展のための設備投資を考えている農業者の立場に立って考えれば、補助金は確実にもらえるという保証がなく、また様々な要件が課されるので、使い勝手が悪く、必要なときに確実に資金を調達できる融資の方が使い勝手がよい。

従来の政策金融の問題点

帰国した1992年当時、公庫の資金の種類は作物の種類などで細かく分けられ何種類もあったが、これを勉強していくうちに、これで本当に農業者の経営展開を支援できるのか、という強い疑問を感じるようになった。

資金の種類ごとに、融資のための要件が異なり、また融資対象となる機械・施設等の範囲が異なる。しかも、毎年度の予算要求に際して、その細かい条件を少しずつ変更しているのである。要するに、融資でありながら、補助金と同じ発想で組み立てられており、これでは、農業者は使いづらいに決まっている。

農業者は、次にこういう投資をして経営を発展させようと考えている。それに対して資金面のサポートが欲しいのである。そういうときに、投資対象の機械・施設を一つ一つチェックして、これは貸せる、これは貸せないと言われても、困ってしまう。これでは、農業者の自由な経営判断を後押しするという制度にはならない。

スーパーL資金のコンセプト

当時、農業経営基盤強化促進法に基づいて、農業者の経営改善計画（農業所得の向上を目指して経営改善を進めるための計画）を市町村が認定する、認定農業者制度が始まったところであったが、私はこれと融資制度をリンクしようと考えた。

即ち、融資対象者は認定農業者に限定する、その代わり、その人の経営改善計画の達成に必要な機械・施設等はすべて融資できる自由度の高い融資制度に変えようと考えた。

これまでの資金は、融資対象の機械・施設をポジティブに列挙していたが、逆に生活のためのものには融資できないということを明記するネガ方式に改め、それ以外の農業経営のための長期資金はすべて融資できることとした。こうして生まれたのが、公庫のスーパーL資金である。

スーパーL資金の構想は、「補助金から融資へ」という流れに乗っていたこともあり、あっという間に農林水産省の目玉予算となり、大蔵省（当時。現在の財務省）も積極的に対応してくれ、法案も大きなトラブルを生ずることなく成立した。

なお、公庫の農業関係資金は、基本的に長期資金に限定されており、資金繰りの短期資金は扱っていない。したがって、短期資金を融通する民間金融機関と公庫は連携・協調することが基本である。また、公庫では、蓄積してきた農業融資のノウハウを、これまで農業融資の実績の少ない民間金融機関と共有していくため、民間の職員等を対象に農業金融のアドバイザーを養成するための事業も行っている。

1994年に農林漁業金融公庫法の改正により、スーパーL資金が作られると、農業者はこの資金に殺到し、他の個別農業者向けの資金種類はほとんどニーズがなくなった。スーパーL資金は、予想どおり、自由に経営展開しようとする農業者のニーズに合致していたということである。そして、この資金が契機となって、私と各地の担い手農業者との付合いが始まり、本音での意見交換を積み重ねることとなった。これが、農業の現場での問題点を把握し、政策課題を設定し、解決策を検討していくうえで大きな力となった。

それまでの農業政策は、すべての農業者を対象にしているものが多かったが、経営政策は経営力がある農業者に重点化していかなければ、農業構造も競争力も変わらない。その意味で、スーパーL資金は、新しい取組みであり、その後も私の発想の根底にあるのは、法人経営や専業的な家族経営を中心とする、意欲と能力のある農業者の自由な経営展開をどうやって支援するか、あるいは邪魔をしないようにするか、ということである。

農業法人に対する出資制度

その後、金融担当課長だった2002年には、農業法人に対する投資を促進する観点から、「農業法人に対する投資の円滑化に関する特別措置法」という法律を作ることになったが、これもその一環である。

個人経営では出資という概念が成立しないが、法人であれば、融資以外に出資という方法もある。

当時、一般企業では間接金融から直接金融にシフトしつつあったが、農業の世界ではまだそういう発想がほとんどなかった。

しかし、法人が融資を受けようとする場合に、自己資本が少ないと円滑に融資を受けられないというケースもある。

こういう場合に使えるようなスキームを作ろうというのが私の発想であった。

しかも、中小企業の世界では、中小企業投資育成株式会社という制度が既に存在しており、これを参考にして、新しいスキームを作ることにした。

農業法人に対する投資育成会社について、事業計画を農林水産大臣の承認制とすることによって、農地法の規制をクリアして、農業法人に出資できるようにした。

また、政府系金融機関である農林漁業金融公庫から、承認を受けた投資育成会社に対して出資もできるようにした。

この法律は、投資育成会社の数を限定しているわけではなく、複数の投資育成会社があってよいが、法律成立後、農協系統の農林中央金庫が中心となり、公庫も出資して、投資育成会社を設立し、農業法人への投資業務を開始した。

投資育成会社の業務が軌道に乗れば、将来的には、投資育成会社が、多数の個人等から小口資金を集めて、これを農業法人に出資して、個人等の出資者には、出資先の農業法人の生産した農産物を配当として配るというような展開も想定していたが、いまだにそのレベルには達していない。財源の性格との関係もあり、ファンドの運営には難しいものがある。

第3章

農協改革

2015年の農協改革法の制定プロセスは、安倍内閣の農政改革の一環としてマスコミでも大きく取り上げられたが、実は、それより前から、農協改革は何度も行われてきている。

その多くは、金融問題等に端を発する農協経営の危機に対処するために行われてきており、私は、自分から希望したことではないが、その数次にわたる農協改革に、課長補佐・室長・課長として関与してきた。

そして、局長時代に、2015年の農協改革法を担当することになったが、これを正確に理解するためには、それ以前の数次にわたる農協改革の流れを踏まえる必要がある。

農協とはどういう組織か

その説明に入る前に、一般の読者の方のために、農協(農業協同組合)というのはどういうものであるかを説明しておきたい。

農協は、1947年に制定された農協法(正式には「農業協同組合法」)に基づく、農業者を組合員とする協同組織である。

農業者が単独で農産物を販売したり生産資材を購入したりするよりも、共同で販売したり購入したりする方が有利であるということで、自主的に設立する組織である。

地域段階でその地域の農業者が設立する単位農協が基本であるが、単位農協が集まって農協連合会を自主的に設立することもできる。

単位農協は、農協法が定めている各種事業（農産物販売・生産資材購買等の経済事業、銀行業務に相当する信用事業、保険業務に相当する共済事業など）の全部または一部を行うことができる。

単位農協のうち総合農協と呼ばれるもの（このほかに専門農協がある）は、1950年3月末に1万3314あったが、信用事業の基盤強化等を目的として、農協合併が繰り返されてきた結果、2017年3月末には679になっている。

連合会は、現実の姿としては、事業の種類ごとに、都道府県レベル・全国レベルに設立されている。

経済事業については、都道府県段階に経済農協連合会（経済連）・全国段階に全国農協連合会（全農）がある。かつては全都道府県に経済連があったが、組織再編により経済連と全農が統合したところが相当あり、現在経済連は8である。

信用事業については、都道府県段階に信用農協連合会（信連）・全国段階に農林中央金庫がある。こちらもかつては全都道府県に信連があったが、組織再編により、現在信連は32である。

共済事業については、全国段階に全国共済農協連合会（全共連）がある。かつては、全都道府県に共済農協連合会（県共済連）があったが、2000年に全共連と全都道府県の県共済連が一斉に統合したため、現在は全共連のみである。

こうした連合会とは別に、1954年に、ドッジライン後の農協金融危機を踏まえて、農協法改正で導入された農協中央会がある。これは自主的に設立するものではなく、都道府県段階に1つ、全国段階に1つ、強制設立され、単位農協・連合会に対する経営指導・監査を行う組織である。農協中央会は基本的に経済活動を行っていないため、その運営は、単位農協・連合会が拠出する賦課金によって賄われている。

単位農協の組合員には、正組合員と准組合員があり、正組合員は農業者、准組合員は農業者でない地域住民である。農業者の協同組織としての性格から、准組合員は事業の利用はできるが、議決権は与えられていない。

かつては、准組合員は一部であったが、年々、正組合員が減少し、准組合員が増加した結果、今や准組合員の数が正組合員を上回っている。

以上を前提に、数次にわたる農協改革を、順を追って説明する。

1　自己資本比率規制に対処するための優先出資法（1993年）

先に述べたように、ドイツから帰国した直後の1992年に金融課の課長補佐となったが、このとき、農協金融の面で担当したのは、農林中央金庫や農協をはじめとする協同組織金融機関に優先出資制度を導入するというものであった。

自己資本比率規制とは何か

当時、バーゼル合意（BIS規制）により金融機関に自己資本比率規制が導入されることになり、日本の金融機関においても、自己資本を充実させる必要に迫られていた。自己資本比率の規制は、日本の金融機関の海外での活動に歯止めをかける意図を持っており、私は、このケースは、日本がグローバル・スタンダードの設定の面で優位に立てないことの証左の一つだと考えている。

自己資本の充実を考えた場合、銀行は株式を発行して広く一般から資本を集めることが可能であるが、農林中央金庫・農協、信用金庫、信用組合といった協同組織形態の金融機関は、会員制の協同組織の性格上、出資は会員資格のある者からのものに限定されており、それ以外の者からの出資を受けることはできなかった。しかも、協同組織の会員は中小・零細の者が基本であり、会員の出資能力にはおのずと限界があった。

放置しておけば、バーゼル合意の自己資本比率を達成することができず、金融業務、特に国際的な業務は行うことができなくなってしまう。

特に、農林中央金庫は海外において相当の資金を動かしており、国際業務ができなくなれば、自身の収益に大きな影響が出るとともに、会員である農協への利益還元にも影響し、農協の経営に大きなダメージを与える。このため、新たな自己資本調達手段がどうしても必要であった。

優先出資制度

そこで検討されたのが、協同組織金融機関に優先出資制度を導入することであった。

商法で株式会社に優先株という制度が認められていたが、これは配当面で普通株に優先する代わりに、基本的に議決権がないというものである。

これと同様の制度であれば、会員制度を本質とする協同組織においても導入可能と考えられた。

こうして、バーゼル合意対応という同じ問題を抱えていた協同組織金融機関全体（信用金庫、信用組合、労働金庫、農協等）に、優先出資制度を導入することになったが、国際業務を大きく展開している農林中央金庫が最もこの制度を必要としていたため、農林水産省が大蔵省銀行局

（当時）に全面的に協力して、法律制度を設計することとなった。

各協同組織金融機関の法制度の違い・共通性を一つ一つ整理して資料を作るという膨大かつ地道な作業をしながら、商法の優先株制度を参考に条文を作成し、内閣法制局の審査を受けるという作業に没頭した。

大学時代に商法も勉強してはいるものの、実務経験がなければ商法の意味は実感できないし、面白さも分からない。その意味で、大学生の頃は商法が面白いと思ったことはなかったが、このとき初めて商法を実感を持って理解でき、大変勉強になった。

この結果成立した「協同組織金融機関の優先出資に関する法律」により、農林中央金庫は優先出資の形で自己資本を増強し、自己資本比率規制をクリアすることができた。

その後、バブル経済の崩壊を契機に我が国金融機関は危機的状況を迎えることになるが、その際、優先出資制度は、信用金庫・信用組合を含めた協同組織金融機関全般に対する資本注入手法としての機能を発揮することになる。

2　住専問題の後始末としての農協改革法（1996年）

1995年に、農林水産大臣の秘書官を終えた後、私は、農協課組織対策室長に就任し、当時大きな問題となっていた住宅金融専門会社、いわゆる住専の問題に関与することになった。私に与えられていた課題は、住専問題をどう処理するかということではなく、住専処理が決着した後、その後始末として農協組織をどうするかということであった。

住専問題とは何か

住専は、1970年代に個人向け住宅ローンを行うために銀行・生保等の金融機関が出資して設立したもので、金融機関から資金を調達して個人に融資を行っていたが、1980年代に入ると、銀行等の本体が個人向け住宅ローンに力を入れ始めた。

このとき、住専を解体していたら問題は起きなかったと思われるが、現実には解体はされず、住専は不動産融資へと経営方針を転換していくことになる。

バブル経済の下、不動産価格の上昇の中で、住専は不動産融資を急速に拡大し、その原資を調達するために、農協系統の金融機関にも住専に対する融資要請が行われた。

各都道府県単位に存在する信用農協連合会、いわゆる信連は、各地の農協が農業者等から集めた預金を運用することを主目的としているが、預金量に比べて自分で運用できる部分は小さく、結局その多くを農林中央金庫に預けている。

この状況の下で、住専から高金利での融資の要請がくる、しかも相手は銀行等の大手金融機関の子会社であり、母体行自身も融資の要請に来た。信連は、この要請に飛びつく形で、住専への貸出にのめり込んでいくことになる。

バブル経済の過熱、不動産価格の高騰に対して、1990年に不動産融資の総量規制が行われると、不動産価格は下がり始め、バブルは崩壊する。不動産関連の会社の経営は急速に悪化し、住専の経営も行き詰まることになる。

これまでの慣例であれば、金融機関の子会社については、それを作った母体行が責任を持つところだが、

①バブル経済の崩壊で、母体行自身の経営も相当に傷ついていたこと

②住専の傷も相当な規模になっていたこと

③銀行1行ごとに住専を作ったのではなく、グループごとであったため、母体行意識が薄かったこと

等から、話はそう簡単には進まなかった。

母体行と大口の貸し手である農協系統金融機関の間で、責任の押し付け合いが始まったのである。母体行責任か貸し手責任かという議論である。

住専を法的に処理することになれば、母体行の法的責任は出資の範囲にとどまり、あとは貸し手が責任を負うことになる。こういう貸し手責任でいくのか、金融界の秩序やこれまでの経緯を考慮して母体行責任で対応するのか、ということである。

結局、この問題の解決には相当の時間がかかることになる。最後は、6800億円の公的資金を投入して解決することとなり、1996年の通常国会はこの公的資金投入をめぐって大議論となり、「住専国会」と呼ばれることになる。

振り返ってみれば、住専問題とは、日本の金融機関がバブル経済崩壊で大きく傷ついたことを示す初期の事件であり、このときに日本の金融システム全体について、本質的な議論が行われ、本質的な対策が講じられていたら、いわゆる「失われた10年」はもっと短くて済んだかもしれない。

しかし、当時の議論は、責任は母体行と農協系統のいずれにあるのか、公的資金を投入する必要はあるのか、という表面的なものであった。

誰の責任かという議論が、日本の政治もマスコミも好きである。場合によっては、刑事責任の追及まで行わないと、終わらないことも多い。

しかし、本当に重要なことは、問題が起きた真の原因の分析と、それを踏まえた適切な対策の樹立・実行である。時として、責任追及は原因論を歪め、適切な対策が樹立されないことになるので、注意が必要である。

住専問題については、1995年12月の最終決着（母体行：債権全額放棄3・5兆円、一般行：債権放棄1・7兆円、農協系統：贈与0・53兆円、政府支出0・68兆円）を見れば、農協系統が全責任を負うものではないことが示された形になっているが、だからといって、母体行の要請があったというだけで、十分な審査もせずに巨額の金を住専に貸し込んだ農協系統が安易だったことは間違いなく、これがなければ、6800億円の国費投入も必要なかったかもしれないのである。

このままの形で農協系統に金融業務を続けられては、同様の事態が再発するかもしれない。こういうことのないように、農協系統金融機関の在り方を見直すというのが、国民の農協に対する要請であり、室長としての私に課せられた使命でもあった。

農協改革の骨格

検討の結果、最終的に整理された主要な対策は2つである。

一つは、十分な金融判断能力を欠いている信連については、これを消滅させるため、信連と農林中央金庫が統合できる法制度にすることである。

もう一つは、農業者の代表が役員となって、知見の乏しい融資判断のような業務執行を行っている状況を改善するため、農協の役員制度を理事会一本の制度から、「農業者の代表から成る経営管理委員会」と「実務能力のある者を中心とする理事会」の2本立ての制度に切り替えられるようにすることである。


まず、信連と農林中央金庫の統合である。農協と農協連合会はともに農協法に基づいて設立されたものであるが、農林中央金庫は農協組織だけでなく漁協組織もメンバーとしていることもあって、農協法とは別の、農林中央金庫法に基づいて設立されている。

同一の法制度に基づいていれば、その法制度に従って相互に統合することもできるが、別の法制度であるため、信連と農林中央金庫は統合できない状況にあった。

このため、信連と農林中央金庫が統合（合併・事業譲渡）できるように特別法を制定した。


次に、農協の役員制度である。株式会社の取締役に相当するのは農協の理事であり、職務の内容・権限・責任において基本的に違いはない。

ただ、株式会社が資本結合体であるのに対し、農協は人的結合体であるため、理事は原則として組合員の中から選ばれるという組織代表制を基本としている。

民主的といえば民主的であり、農協の農産物販売事業を考えれば、これで対応できることも多い。しかし、農業者が理事になって、複雑な金融業務を的確に執行していけるかと考えれば、問題があるといわざるを得ない。

このため、役員制度を2つに分離し、組織代表で構成し業務執行の基本方針を決める経営管理委員会と、その基本方針の下で日常的業務執行を行う理事会の2本立てとする仕組みを選択肢として導入し、この制度を選択した場合は、日常的業務執行を行う理事については、金融に関する専門的能力が重要であることから、組織代表でなければならないという資格制限をなくした。

この制度については、日本国内では前例のないものであったため、ドイツ・フランスの制度を調べ、東京大学法学部の先生に相談しながら、検討を進めた。

こうした内容の農協改革法は、1996年12月に臨時国会で成立を見たが、その直後の1997年1月の人事異動で私は農協関係の仕事から離れることになった。

しかし、その3年後、2000年1月に、農協課長として、再びこの問題を担当することになる。

3　ペイオフに対処するためのＪＡバンク法（２００１年）

２０００年１月に農協課長に就任した時点で、ペイオフ解禁は２００２年４月ということが決まっていた。

ペイオフとは何か

ペイオフとは、金融機関が破綻した場合に、預金のうちの１０００万円を超える部分は戻ってこないかもしれないということであり、これが実施されれば、信用力の低い金融機関からは預金が急速に流出することが予想された。

就任して、私がまず行ったのは、１９９６年の住専問題の後始末としての農協改革法の実行状況の点検である。法律の成立から３年が経過している。それなりに実績が出ているのだろうと思っていたら、信連と農林中央金庫の統合も、経営管理委員会制度の導入も、一つも実現していなかった。正直なところ愕然とした。これで、ペイオフ解禁を乗り越えることができるのだろうか。

住専問題は処理されたとはいえ、全国の農協の中には経営上の問題を抱えているところがあるはずで、しかも、私が農協課長に就任した時点では、どこの農協がどの程度の問題を抱えているかも分からない状況であった。

決算期になって突然、経営破綻を報道される農協があるかもしれない。ペイオフ解禁後にそういう事態になれば、同一県内の他の農協はもちろん全国の農協にも大きな影響を与え、預金が急速に流出するかもしれない。

それぞれの農協・信連は独立した法人格を持っているが、一般の人は「農協は農協」と思っており、一つの農協の破綻は、農協組織全体の信用力の崩壊につながりかねない。

当時70兆円規模の預金量の農協金融が破綻したら一体どうなるか。農協経営の問題だけでなく、農業振興にも多大な影響が出るおそれもある。

ペイオフ解禁となる2002年4月までの2年間に、その後も安心して金融業務を続けられる実効あるシステムを構築しなければならない。住専問題後の農協改革法のように、法律はできたが全く実行が伴わないというようなものでは話にならない。

ペイオフ解禁を乗り切るのに何が必要か。そこから真剣に考える以外に方法はない。経営破綻する農協が一つも出ないようにすることが必要だが、それにはどうしたらよいか。

これが当時の私の課題であった。

ＪＡバンク法のスキーム

国内金融業務のみを行っている金融機関の自己資本比率規制は４パーセントであるが、４パーセントを割ったと気がついたときには、精査すれば債務超過となっていることが多い。しかも、この場合は、監督行政機関は公式に行政命令等を出さざるを得ないこととなり、農協の信用力は大きく低下する。

もっと早い段階で問題農協を発見し、行政命令等を発出する前に解決することが必須である。農協系統が、行政基準より厳しい自主ルールを作って、全国の農協を常にチェックし、自主ルールに抵触すればその農協の金融業務を制限する、こういった仕組みが必要である。こうして構想したのが、早期発見・早期是正のためのＪＡバンクシステムである。

これ以前から、「ＪＡバンク」という言葉はあったが、農協系統が行う金融業務全体を漠然とこう称していただけで、全く内実を伴わないものであった。

農協系統の組織は、地域に単位農協があり、この金融業務を県段階の信連が束ね、これを全国段階の農林中央金庫がさらに束ねる形になっている。

しかし、実際はどうかといえば、ある農協の経営が悪くなっているということは周囲の農協は大体気がついているし、その県の信連も、そして農林中央金庫も気がついているのに、見て見ない振りをしてきたのである。なぜか。それは、口を出せば、救済のための金も出せと言われると思うからである。

しかし、見て見ない振りをしているうちに、その農協の問題はどんどん大きくなって放置できなくなり、農協組織全体で大騒ぎしたあげくに皆で金を出し合って救済することになる。結局、余計に金がかかることになるのである。

しかも、救済に当たって、全国で支援する前提としてまず県内で支援せよというのが、当時の農協組織の考え方であり、余計に時間がかかるとともに、体力のない県の破綻農協処理は難航を極めていた。

要するに、「JAバンク」という言葉はあっても、それぞれ独立した法人格を持つ農協・信連が、バラバラに金融業務をやっていただけである。

「JAバンク」という言葉に実体を持たせ、全国の農協・信連・農林中央金庫の金融業務をあたかも「一つの金融機関」のように機能させるようにする、これがJAバンクシステムである。

金融事業の在り方として考えれば、形式的にも一つの金融機関になるのがベストではあるが、ペイオフ解禁に間に合わせるには、これしか方法がない。

このシステムの本質は、問題の早期発見・早期是正のために、農林中央金庫が全国の農協・信連の金融事業に関する自主ルールを定め、これに基づいて、農協・信連を指導することにあり、

ＪＡバンク法（正式には「農林中央金庫及び特定農水産業協同組合等による信用事業の再編及び強化に関する法律」）の中にこれが明確に規定されている。

法制定後に農林中央金庫が定めた自主ルールの骨格は、それぞれの農協の経営状況をいくつかの指標によってレベル分けし、

①レベル１（自己資本比率が８パーセントを下回るなど）に該当すれば、貸出・有価証券といった資金運用の範囲が制限され、リスクの低い運用しかできなくなる。

②レベル２（自己資本比率が６パーセントを下回るなど）に該当すれば、新たな資金運用が行えなくなる。

③レベル３（自己資本比率が国内行の行政基準である4パーセントを下回るなど）に該当すれば、預金受入を含めて農協の名前では信用事業が行えなくなり、信連・農林中央金庫に対して事業譲渡を行うというものである。

さらに、レベル格付けがされて、資金援助が必要な場合には、全国の農協・信連が全国段階に積み立てておいた資金（この資金は、一般金融機関の預金保険制度に相当する「農協貯金保険制度」とは別の自主的な積立制度）から直接援助することとし、県段階の支援を必要とせず、迅速な処理ができるスキームとした。

このＪＡバンクシステムが機能するためには、自主ルールそのものが農協組織の中で民主的に決定され、また、農林中央金庫が農協を指導する際にも、民主的なコントロールが必要となる。このため、自主ルールは、農林中央金庫の総会において決定するとともに、指導に当たっては、組織代表から成る経営管理委員会の承認を受けることが法定されている。

ＪＡバンク法制定をめぐる農協系統との調整

このＪＡバンクシステムの導入は決して円滑に進んだわけではない。肝心の農林中央金庫の役員や幹部職員の多くは反対であったといってよい。

このシステムを導入すれば、農林中央金庫は信連や農協の面倒を見なければならなくなり、結果的に農林中央金庫の格付けが下がって海外業務が行えなくなる、というのがその理由であった。

しかし、話は逆であり、問題を放置しておいて信連や農協の経営が悪くなり、破綻が相次げば、その全国組織である農林中央金庫の格付けが下がるのである。ＪＡバンクシステムが導入されれば、信連や農協の破綻の可能性は下がるのだから、むしろ農林中央金庫の格付けは上がるはずである。

私は、こう主張して、このシステムに賛同している農林中央金庫の一部の幹部職員と連携して説得に努めたが、反対は相当に根深いものがあった。

中には、担当課長である私の更迭を事務次官に要求してきた人もいた。私は、局長・事務次官と綿密に打ち合わせをしながら進めており、何の支障もなかったが、そのくらい抵抗は激しかった。

一方で、当時の全国農協中央会の原田睦民会長は、大変見識のある方で、ペイオフを乗り切れなければ農協に将来はないと考え、ＪＡバンクシステムの導入を積極的に支援していただいた。将来を正確に見通して大局的な判断ができる人とそうでない人の違いは大きいし、そういう人材のいる組織といない組織の違いも大きい。

いずれにしても、法制度の改正は農林水産省の所管であり、法改正のために設置した農林水産省の農協改革検討会の結論として、ＪＡバンクシステムの導入を明記して、法改正へのプロセスを進めていった。

政府内の調整

法案の内閣法制局の審査も、簡単ではなかった。

政府全体として、通常国会提出予定法案については、12月中に提出できるかどうかの見極めをつけることになっているのだが、２０００年12月の時点で、内閣法制局の担当部長は、ＪＡバンク法案は提出予定法案にはできないという判定をされた。

ペイオフ解禁を控えて、この法律ができなければ、農協金融は困ったことになる。そこで、私と上司の経済局長の2人で、法制局の部長のところに出向き、直接こちらの説明を聞いてもらうことになった。

通常、法制局の審査は、担当参事官が関係省庁の課長補佐クラスの説明を聞いて整理し、参事官が法制局内の部長以上に説明するというルールになっており、関係省庁の課長・局長が法制局の部長に説明するのは異例である。

説明しているうちに、先方は、農林中央金庫が政府系金融機関であると誤解していたことが分かり、この誤解が解けて、農林中央金庫が農協を構成員とする民間金融機関であるなら、法律案を提出することは可能だということになった。

そこで、課長の私だけが残されて、数時間、直接法令審査を受けることになり、条文の骨格は法制局の部長と私とで詰めた。

この日、私の課の職員は心配しながら私が法制局から帰ってくるのを待っており、私が戻るなり、「どうでした?」と聞かれた。「提出予定法案になったよ」と答えたときの職員の安堵した表情を今でも覚えている。そのくらい、私の課の職員も真剣だった。

与党・国会での審査

与党は、「農協金融の破綻防止の足を引っ張れば、後々問題になるおそれがある」という考えで、ＪＡバンク法の本質的な部分についての異論は出なかった。

これに対し、国会では、参議院先議で提出したため、トラブルが生じた。法案は衆議院に提出されることが多いが、参議院側の要請などで、いくつかの法案を参議院に先に提出することがある。

このときも、そういう要請があり、農林水産省全体の判断で、ＪＡバンク法を参議院先議とすることが求められ、私は、審議順はどちらでもよいという軽い気持ちで同意したが、これが大きな誤りであった。

法案を国会提出すれば、野党でも法案審査をすることになるが、その際、衆議院の野党議員の発案で修正（ＪＡバンクシステムに関する部分ではない）をすることになった。

参議院から衆議院に回ってきた後で衆議院が修正すれば、もう一度、参議院に回付せざるを得ないことになり、国会日程によっては成立までたどりつかないおそれがある。

このため、先議院である参議院の段階で修正しなければならないが、もとの修正の意向は衆議院議員から出ているため、与野党それぞれの衆議院議員・参議院議員の意思疎通がうまくいかず、この調整はかなり難航した。

ＪＡバンク法成立の効果

こうした法制局審査の過程や国会審議で予想外の苦労があったが、法律が成立すると、格付け機関による農林中央金庫の格付けは上昇した。

市場も、農協・信連の経営問題を農林中央金庫のリスクとしてとらえていたということであり、ＪＡバンクシステムをこれに対する有効な処方箋と評価したということである。

結局、こちらの主張が正しいということを市場が証明する形となった。

戦略は細部に宿る

ただ、この問題は法律の成立で完結したわけではない。これまでの中央官庁の仕事の仕方は、法律を成立させたら一丁上がりという意識が根強い。法律が成立すれば直ちに人事異動があることも稀ではない。法律を作れば世の中はそれを遵守してよくなるはず、という極めて楽天的・性善説的認識である。

しかし、そう簡単に世の中は変わらない。私は、前回の住専後の農協改革法で懲りている。法律ができても、農林中央金庫が作る自主ルールがうまくできなければ、このシステムは動かない。

当初、農林中央金庫が作成した自主ルール案では、全く魂が入っていなかった。自分たちの出資者である信連や農協に厳しいことは言いたくないという気分が明確に出ていた。

こんな精神でＪＡバンクシステムを運用されれば、ペイオフの解禁に対応できるはずはなく、苦労して法律を作った意味もなくなる。

自主ルールという細部をきちんと詰めなければならない。

まさに、戦略は細部に宿るのである。

農林中央金庫と相当長時間の議論を行って、先述したような意味のある自主ルールが策定され、農林水産省・金融庁も、変更命令をかけることなく、自主ルールの届け出を受理した。

戦略の宿る細部にこだわるということは、非常に重要な問題である。

私は局長になっても次官になっても、政策推進上、そこが重要なポイントであると思えば、徹底してこだわり、長時間かけても、意味のある制度ができるまで議論し続けた。

担当者から見れば、局長・次官はどうしてこんなに細かいことにこだわるのかと思ったかもしれない。

しかし、大枠だけを上が決め、細部は下が勝手に決めるのでは、政策は機能しないし、狙った成果も得られない。

政策の本質・目的達成にかかわる重要ポイントを見極め、その点にこだわることは必須であり、これができなければ、政策に魂は入らない。

既に問題を抱えている農協の処理

もう一つの問題は、このＪＡバンクシステムでは、これからの破綻は防げるが、既に経営問題を抱えている農協の問題解決はできないということである。JAバンク法が成立した2001年6月時点で、2002年4月のペイオフ解禁まで1年を切っている。それまでに問題農協をなくしておかなければならない。

2000年1月に農協課長に就任した時点で、私はこういう問題意識を持っていたため、JAバンク法の制定に向けた作業と並行して、全国の農協・信連一つ一つの経営状況を把握する作業を始めていた。

経営状況・問題点・役員の状況などを詳しく把握できる統一様式を作って、都道府県に農協・信連ごとに個票を作成してもらい、これをもとに都道府県からヒアリングをするのである。

全都道府県からヒアリングをすれば、ものすごい時間がかかるし、それも1回では終わらない。問題農協があれば、解決するまで何度でもヒアリングを行い、都道府県の力だけでは解決できないときには、当該農協の組合長、当該都道府県の信連の役員、農林中央金庫の役員を含めてヒアリングを行うなど、あらゆる手段を使って、農協合併や信用事業の譲渡などを行わせ、問題農協をなくしていくのである。

相当な力仕事であったが、ペイオフ解禁までに、大きな問題を抱えているところは概ね解決することができた。

なお、当時の問題農協の破綻原因は、多くの場合、ゴルフ場・ホテルなど農業以外への融資の焦付きや不良な有価証券に手を出したことによるもので、農業者に対する融資の焦付きによるものはほとんどなかった。

金融で経営破綻するということは、農協の経営者にとって極めて重大な問題である。残念ながら、破綻処理の過程で自殺された農協役員の方もいる。ペイオフ解禁後の破綻となれば、より大きな問題となる。金融を行っている農協のトップは、このことを十分に自覚しておく必要がある。


このヒアリングを中心とする経営状況の点検と改善指導は、ＪＡバンクシステムの本質でもある。ＪＡバンク法成立後は、農林中央金庫が中心となって日常的にこの作業を行わなければならない。これが軌道に乗り、絶えず点検・改善を進めて初めて、ＪＡバンクシステムが確立するのである。

ただ、法律が成立したからといって、すぐに農林中央金庫だけに任せたのでは、うまく軌道に乗るかどうかは分からない。

うまくいかなければ、工夫と苦労を重ねたＪＡバンク法も無意味になってしまう。

そこで、法成立後も、農林中央金庫にはＪＡバンク法に基づく自主ルールを的確に運用させるようにしながら、国は国で、行政機関としての権限に基づいて、ヒアリングを継続し、ＪＡバンクシステムの定着を支援した。

戦略的には、民間である農協系統、とりわけ農林中央金庫中心の自己責任体制を確立して、国は手を引いていくことを狙っているが、それを実現するためには国がすぐに手を引いてはうまくいかなくなることもあるのである。むしろ、国が積極的に取り組む姿勢を示すことで、民間の自己責任体制の確立を誘導しようとした。急がば回れ、ということである。

4 農協職員年金と厚生年金の統合法（2001年）

2000年1月に農協問題の担当課長になった私は、ペイオフへの対処の検討と並行して、農協に関連してもう一つ大きなテーマを与えられていた。それは、農林年金と厚生年金の統合である。

農林年金とは何か

農林年金は、農協・漁協等の職員の共済年金であるが、農協等のリストラ・人員削減の進展によって、財政状況が悪化しつつあり、農協組織は農林年金を厚生年金と統合するという方針を決定していた。

統合するためには、関係団体や政府内の了解を得て、統合のための法律を作る必要があり、農協組織が統合したいと言っただけで統合できるわけではない。

そもそも年金制度は、大きな括りにして初めて的確な運営ができる性格のシステムである。業種ごとに細分化すれば、人員や業績が拡大しつつあるところは運営が安定し、逆に人員や業績が縮小しつつあるところは運営が難しくなるに決まっている。

農林年金も、農協等の職員が減少していけば、早晩破綻すると考えざるを得ず、破綻すれば、農協の経済事業も行えなくなり、農業者が困ることになるのではないか。

こういう考え方に立って、農林水産省としても、厚生年金との統合を進めることになったのである。

難航する調整

年金制度の在り方を考えれば、大括りにしていくほかはなく、農林年金と厚生年金の統合についても、調整は難しくないように思われるかもしれない。しかし、ことはそう簡単ではなかった。

実は、１９９５年から96年にかけて、政府の「公的年金制度に関する一元化懇談会」において、ＪＲ共済・ＪＴ共済・ＮＴＴ共済と厚生年金の統合が議論され、統合することになったのだが、その際、一元化懇談会から、農林年金も厚生年金と統合してはどうかともちかけられ、農協組織はこれを明確に断ったという経緯があった。

それからあまり時間がたたない1998年に、農協組織が厚生年金との統合の方針を決定したわけで、「一旦断っておきながら、今度は統合してくれと言うのか」という強い反発が、厚生年金の拠出者である日経連（当時）・連合側にあった。

しかも、その農協組織が統合方針を決定する際、厚生年金関係者に何の相談もなかったことが、反発に拍車をかけた。

また、そもそも、農林年金は、1959年に、厚生年金から分離独立して出ていったという経緯もあった。

さらに、現実の話として、統合に当たって農林年金から厚生年金に移管金（持参金）をいくら持っていけるかという問題もあった。統合の受け皿の方からいえば、十分な移管金がなければ経営状況が悪化することになる。一方で、統合してもらう農林年金のサイドからすれば、農林年金は厚生年金に相当する2階部分だけでなく、職域独自の3階部分も持っており、移管金を多くしすぎると移管後の3階部分の運営に支障を来すことになる。

正直なところ、この交渉には取引のカードは全くなかった。

通常の仕事であれば、所管団体ともいろいろな関係があり、今後のことも考えて、いろいろな取引や調整が可能であるが、厚生年金を担当している日経連や連合とは、これまでの付合いはなく、今後の付合いもあまり想定されない。

ひたすら、足を運び、頭を下げ、理解と協力を求める以外に方法はない。40年間の行政官としての仕事の中で、これ以上に大変だった仕事はない。

国民の農協を見る目

公式な場である政府の一元化懇談会においても、農林年金の担当課長である私が、これまでの経緯について反省の弁を述べ、公正な条件での統合をお願いするほかなかったが、一元化懇談会のメンバーの方々の農協に対する目は非常に厳しかった。

住専でも問題視された農協が、年金についても勝手なことを言っているというのが、メンバーの総意だったと思う。

要するに、世間から、「農協は、社会経済情勢の変化を的確に把握して、将来を見通したきちんとした経営判断をし、自己責任で経営しているのか」、と問われているのである。

そして、世間は、農協の問題を、農林水産省・農業政策の問題としても認識しており、農協批判は、農林水産省・農業政策に対する批判でもあるということを、深く自覚することになった。

困難な仕事であったが、最後には、一元化懇談会の理解も得られ、2001年に、農林年金と厚生年金の統合法が成立した。

なお、農林年金には後日談がある。

厚生年金と統合した後も、いわゆる3階部分である職域年金の部分については、農協組織が独自に運営してきたが、支給額が小さいわりに、年金実務の負担が大きいため、一時金を支払って最終処理しようということになり、私が事務次官であった2018年に、このための法律が成立した。

実際に処理が終わるのにはさらに時間がかかるが、これでやっと農林年金の問題は完全に解消することになった。

後年度負担を伴う年金制度がいかに大変かということを、改めて考えざるを得ない。

年金制度というもの

このように、年金という制度は、中長期の人口構造の見通しを考えながら慎重に判断して、導入・設計していく必要があり、安易に仕組めば、後年度に大変な影響を及ぼすことになる。

農協職員の年金制度である農林年金のほかに、農林水産省では農業者の年金制度である農業者年金という制度も所管しており、私は直接担当したことはないが、この経緯も参考までに整理しておく。

農業者年金の制度は、1970年に、「農家にも年金を」という政治的スローガンの下に設立された。基礎年金の上の2階部分としての年金制度で、農業経営を移譲してリタイアすることを促進するという政策的な意図も併せ持っていた。

この年金制度も、農業の人口構造の変化、要するに掛け金を払う世代の減少と年金を受け取る世代の増加によって、破綻することになり、2001年に、次のような抜本的な改革をすることになった。

まず、従来の確定給付の年金制度はそこで廃止し、従来の加入者については、給付水準を切り下げたうえで、不足分は国費でカバーして確実に給付する（この予算だけで、いまだに毎年度1000億円程度が義務的経費として予算計上されている）。

また、今後は、確定給付でなく、確定拠出型の年金制度として運営していくこととする。

農林年金も農業者年金も、人口構成の将来見通しから見て継続できなくなるような年金制度は作ってはいけないという実例である。

ましてや、後年度負担の大きい年金という仕組みを、農業者の経営移譲といった政策推進手法として使うのは、決定的に間違いであると思う。

年金制度は、作る以上は大きな単位で作らなければならないが、それでも、日本全体の人口減少・高齢化という構造問題に直面すれば大きな問題となる。

構造的な問題には構造的な解決策を考えるしかない。

労働政策との整合性をとって、掛け金負担者から年金受給者への転換を遅らせるか、金融行政、特に資産運用政策との連携をとって、確定拠出型への転換を進めるなどの抜本的な対応が必要になるように思われる。

5 農業者の協同組織としての原点に戻るための農協改革法（2015年）

1 改革の経緯

以上のように、私は、課長補佐・室長・課長と、農協の問題を担当してきたが、その中心となっていたのは、農協経営を破綻させないようにするということである。

住専問題の再発防止のための農協改革、ペイオフ解禁に対処するための農協改革、農林年金と厚生年金の統合、すべて、農協を破綻させないようにするのが目的である。

破綻すれば、農協の農産物販売などの本来の農業の発展のための仕事ができなくなり、農業者に迷惑がかかるというのが、農林水産省が、こうした破綻防止に取り組んだ理由である。

一方で、その農協本来の事業がうまくいっているかといえば、必ずしもそうではなく、金融のための農協改革を行うたびに、農林水産省は、検討会を開催し、金融事業のことだけでなく経済事業の改革の方向性を明示して、経済事業の改革を強く要請してきた。
しかしながら、経済事業の改革は進まないのが実情であった。

農協をめぐる環境の変化

農協法は、戦前の産業組合法の流れをくんで、1947年に制定された法律で、農業者が協同して経済活動をすることで経済的なメリットを受けるというのが農協の設立目的である。即ち、共同販売した方が農産物は有利に販売でき、また共同購入した方が生産資材は有利に購入できる、というのが基本的な考え方である。

戦後の農地解放の直後は、均質・零細な多数の農業者が存在するという状況であった。また、食料も米をはじめとして不足基調であったため、米については、これを全量政府が買い入れて、配給制度により卸売業者・小売業者を通じて消費者に供給する食糧管理法が機能していた。青果物についても、セリによる公平な分配に主眼を置く卸売市場が機能していた。

こうした中で、農協は、農業者から米を集荷して政府に渡し、青果物を集荷して卸売市場に持っていってセリにかければ、ことは足り、これでほとんどの農協組合員に同じようにメリットがあったのである。これは、販売というより、集出荷である。

農協の性格

	農業協同組合	株式会社
法人格付与の根拠法	農業協同組合法	会社法
法人の性格	一定の資格要件を満たす組合員の自主的な相互扶助組織 • 1組合員1票 • 加入脱退の自由（脱退時は出資金払戻） • 剰余金の配分は、利用高配当を基本 ［出資配当は一定率以内に制限。これが「非営利」ということの意味］	株主の出資により設立する組織 • 1株1票を基本 （ただし、無議決権株式など多様な運営が可能） • 脱退は株式譲渡を基本 （ただし、譲渡制限をすることも可能） • 剰余金の配分は、出資配当 （ただし、優先株式など差をつけることも可能）
法人の事業の利用者	組合員が利用することが基本 （このため員外利用規制あり）	限定なし
法人税率	19.0%	23.2%
法人の事業の範囲	農協法に定める事業（組合員が利用する事業）の範囲で定款で定める	定款で定めれば自由 （ただし、金融、保険については種々の制限あり）
独禁法の適用	共同行為は適用除外 （不公正な取引方法は適用）	全面適用

（出所）農林水産省資料

しかし、時間の経過とともに、農業構造も変わるし、農産物の需給状況も変わってくる。

昭和40年代半ば（1970年頃）から、米を含めて農産物は不足基調から過剰基調に転換し、また農業者も大規模家族経営・法人経営を中心とする専業的農業者と、零細な兼業農業者に階層分化し、数の上では、後者が大宗を占めるものの、生産額等に占めるシェアで見れば、次第に専業的農業者のシェアが大きくなっていった。

農協の現状

農協数	（1950年）13,314 ▶ （2016年）679	それぞれの農協は自立して創意工夫で自由に経営展開できる状況 現に、創意工夫して農産物販売等を行っている農協も存在
職員数	（1993年ピーク）30万人 ▶ （2016年）20万人 ［うち 販売＋営農指導 15% 信用＋共済 46%］	農産物販売等に優秀な人材をシフトする必要
組合員数	正組合員（農業者） （1960年）578万人 ▶ （2016年）437万人 ［70歳以上の正組合員比率　5割程度］ 准組合員（地域住民） 76万人 ▶ 608万人	世代交代が進めば農協の事業シェアは更に低下する可能性 次世代の農業者が積極的に利用するような農協にしていくことが必要
農協のシェア	（1985年） ▶ （2016年） 米の販売 66% ▶ 49% 飼料の購入 51% ▶ 30%	
収支構造	JAの平均値（2016年） 信　用　＋3.7億円 共　済　＋2.3億円 経済等　▲2.4億円 合　計　＋3.6億円 ［個別JAをみれば経済事業でプラスになっているところが2割］	経済事業（農産物販売・生産資材調達）で農業者にメリットを出しつつ、経営を安定させていくことが必要
農業者の期待	アンケート（2013年） 販売力の強化を求める声　79% 資材価格の引下げを求める声　80%	正組合員である農業者の声に応えていく必要

（出所）農林水産省資料（データは更新した）

農協を取り巻く環境の変化

	農協法制定当時 （1947年）	現在
食料の需給状況	○不足基調 ・米は国が全量買い入れる食管制度 （農協の役割は集荷と国への引渡し） ・野菜等は市場で公平に分配 （農協の役割は集荷と市場への出荷）	○過剰基調 ・消費者・実需者のニーズに対応しなければ有利に販売できない （米も民間流通）
農業者の状況	○農地解放直後で、各農家の経営規模は均質（1ha弱）	○大規模な担い手農業者と小規模な兼業農家に階層分化 ・担い手農業者を含めた農業者のニーズに対応しなければ地域農業は発展しない ・担い手農業者にメリットがあれば、農業者全体にメリットがあるはず

（出所）農林水産省資料

供給過剰の下では、生産したものを集めて出荷するだけでは意味はなく、実需者・消費者のニーズを踏まえてそれに対応するものを生産し、実需者・消費者に直接販売しなければ、有利に販売できるはずはない。

セリや入札といった方式は、不足しているものを公平に分配するのに適した方式であり、物量が十分ある場合にはこの方式は適していない。

市場に出荷しておしまいというやり方では、買い手のニーズを把握することすらできず、農業者がニーズに対応した生産を行うことも難しくなる。

こうした変化にもかかわらず、多くの農協は、それまでのビジネスモデルを変えることをしてこなかった。

兼業農業者は農業収入で生活しているわけではなく、農業に手間もかけられないので、有利かどうかにかかわらず、農産物の販売や生産資材の購入に当たって農協を利用することが多い。しかし、地域農業を牽引する専業的農業者は、まさに「経営者」として農業に真剣に取り組んでおり、農産物は少しでも高く販売したい、生産資材は少しでも安く調達したいと思っている。したがって、専業的農業者は、従来のビジネスモデルを変えない農協と距離を置き始め、自力で販売ルートを作り、生産資材も独自に仕入れるようになってくる。

しかも、こうした農協を利用しない農業者に対して、農協が融資をしないなどの、不公正な取引方法による圧力をかけるケースもよく聞かれた。

なお、農協法を含めて協同組織法制においては、独占禁止法の適用除外規定を置いているが、不公正な取引方法については、適用除外となっておらず、あくまでも違法である。

専業的農業者から求められる農協改革

このような状況の下で、専業的農業者から、農協の経済事業の改革が求められるのは当然のことである。

改革しなければ、専業的農業者は離反し、農業者の協同組織としての農協ではなくなり、時間の経過とともに衰退していくしかなくなる。

行政が言おうと言うまいと、この改革は避けて通れない。

しかも、農協は、民間組織ではあるが、会社と異なり、農協法によって農林水産省の監督を受けている特殊な民間組織である。

だからこそ、農林水産省は監督官庁としての責任を果たすために、住専・ペイオフ・年金といった問題で、農協が破綻しないようにしてきた。

農協の本来の仕事である経済事業について、農林水産省が農協法の目的に沿うよう改革を求めるのは、当然であり、これまでも、金融面の改革と合わせて、常にセットで、経済事業の改革を具体的に求めてきた。


不特定多数の人から預金を預かる信用事業については銀行法と同様の規制をかけることができ、強制することができるが、通常の経済活動については一般企業についても規制はなく、農協の経営者に自覚して取り組んでもらうほかはない。

このために、課長在職当時、私自身が各都道府県の農協組織で講演をしてきたが、その回数は50回を超えている。

なお、この当時、農林水産省が要請していたこと、私が講演で話していたことと、2015年の農協改革法に際して農林水産省が提起したことは、基本的に同じである。突然言い出したわけではないし、約20年間、私は同じことを言い続けてきた。

経営者として見識のある組合長がいるいくつかの農協が、真剣に改革に取り組み、実績を上げているものの、その数は多くなく、逆に、そういう組合長や農協が農協組織から白い目で見られるようなことも起きている。

ある農協の組合長に専業的農業者が就任し、「農家組合員のためにメリットのある事業をしよう」と発言し実行していたら、都道府県レベルの農協組織から、「組合長になって1年もたったら、組合員のためなどと言わずに、農協組織のことを考えろ」と言われ、その後、組合長を退くことになったということもある。

そもそも、自分が経営者という自覚のない組合長もいる。これは、2015年の農協改革法が成立した後の農協組合長に対する法律の説明会でのことであるが、私が、「皆さんは会社でいえば、社長ですから、組合員である農業者にメリットが出るように経営してください」と話したら、ある組合長から、「私は社長なのですか」という質問が出たことがある。

農協改革議論のスタート

こういう状況の下で、2013年11月に規制改革会議から「今後の農業改革の方向性について」という意見書が出され、これにより、農協制度の見直しが今後の検討テーマとして設定され、私は、経営局長として、再度、農協問題に取り組むことになった。

この時点での政府サイドの問題意識は、農協組織がこれだけの組織力・資金力を持ちながら、なぜ、日本農業の発展につながる経済活動が十分できていないのかということであったと思う。農協組織が、組織の総力を挙げて、農業者の立場に立って、農産物の販売や生産資材の購入に真剣に取り組めば、もっと農業所得の向上や日本農業・経済の発展につながることができるに違いない。

その意味で、これまでの農協組織の活動は大変もったいないので、農業者の協同組織としての原点に戻って、それに相応しい組織に生まれ変わってもらいたい、ということである。「農協解体」などではなく、あくまでも「農協の原点回帰」「農協の再生」という話である。

しかし、農協側は、これを「農協解体」であるかのように受け止め、外部からの口出しそのものに抵抗し、この際改革を進めようという人は全く見いだせなかった。

この点で、これまでの金融を中心とする農協改革とは異なる構図の下に、検討が始まることになった。

与党での議論

規制改革会議の議論と並行して、与党での議論も行われたが、農協サイドとの事前調整ができない以上、農協の現状と問題点を詳細に分析した資料を用意し、それに基づいて問題解決に向けた道筋を丁寧に議論していくしかなかった。

与党の部会だけでなく、幹部による侃々諤々の打ち合わせが頻繁に行われ、難航の末、2014年6月に与党で「農協・農業委員会等に関する改革の推進について」が取りまとめられ、総理をヘッドとする政府の「農林水産業・地域の活力創造本部」においても、同趣旨の決定が行われた。

この時点では、特に議論が難航した、農協中央会の在り方と准組合員（農業者でない地域住民）の在り方などについては、具体的な改革の方向までは明確になっておらず、翌年の法整備までに結論を出すこととされた。

当初は、残されたテーマについて、秋口から議論を再開し、時間をかけて検討するスケジュールを描いていたが、同年11月に衆議院が解散され、12月に総選挙が行われたため、スケジュールの抜本的な見直しが必要となった。

なお、衆議院の解散前に、与党の農協問題の責任者が、円満な解決を目指して、農協の全国組織（中央会・各連合会）の責任者を個別に呼んで意見交換を行ったが、中央会は出席せず、これで、事前調整の可能性は完全に消滅した。

また、総選挙に際して、農協の政治組織（農協法に基づく組織ではない）は、候補者を推薦するかどうか判断するために、各候補者に、農協改革に関する考え方を明確にするよう求めるということもあった。

いずれにしても、総選挙が終了した時点で、新たなスケジュールを作成することが必要であった。

通常国会の法案提出期限は例年3月であり、それまでに与党での議論をまとめ、そのうえで、それを踏まえた条文を作成して閣議決定しなければならない。

条文の作成及び条文についての与党審査の時間を考えれば、2月の早い段階で、内容について与党の合意を得なければならない。

そのためには、議員が東京に集まる通常国会の開会前後から、与党での議論を始め、集中的に議論するほかはない。

1月20日から2週間、火曜日から金曜日まで毎日（月曜日は地元から戻らない議員がいるため開催しない）、合計8日間、与党農林部会での公開議論を連続して行い、その後、与党幹部による連日の調整を行って、取りまとめを行うというスケジュール案を作り、政府・与党の関係者の了解を得た。

このスケジュールを作る際、8日間の議論がどういう展開を見せるか想像しながら、ここが改革の勝負どころであり、すべての質疑対応を自分一人でやり抜くという覚悟を固めた。

実際に議論を始めてみると、予想を上回る長時間かつ大人数の議論となった。通常の部会は、1時間程度で出席議員も数十人という例が多いが、農協改革については、農協側が議員に発言ぶりの振付けを行い、部会に出席するよう強力な動員をかけたこともあり、毎回200人、3時間程度の議論となった。

この議論を始める際に注意したのは、前年6月の取りまとめから半年が過ぎているため、もう一度、「農協の現状と問題点」を説明し、6月の取りまとめがどのようなものであったかを一つ一つ確認しながら議論するということであった。

政策は全体像が重要で、個々の仕組みも全体像の中に整合性をもって位置付けられないと機能しない。このため、中央会制度や准組合員の在り方についても、常に全体像を意識しながら議論するように留意した。

そして毎回、追加資料を提出し、質問や意見に論理的に答えていくと、次第に同じ発言の繰り返しになり、与党幹部に調整を委ねる雰囲気が出てくる。

ここから、与党幹部による水面下の調整が連日行われ、与党幹部と農協組織との協議も行ったうえで、2月9日に最終的に政府与党取りまとめが行われた。

その後、農協改革法案は、4月3日に閣議決定され、国会審議を経て、8月28日に成立した。

2 改革の内容

改革の基本的考え方

政府与党の取りまとめにおいては、改革の基本的な考え方として、

- 農業者から見て、農協が農業者の所得向上に向けた経済活動を積極的に行える組織となると思える改革とすることが必須であること
- 農業者が自主的に設立する協同組織という農協の原点を踏まえ、これを徹底することが重要であること

という、至極当たり前のことが明記されている。

逆にいえば、現実にはこの当たり前のことが実行されなくなっているから、改革が必要だということでもある。

農協中央会制度の導入による農協の変質

農協法上、農協は、それぞれの地域で農業者が自主的に設立した協同組織であり、農協法上、

農協が自主的に連合会を設立することもできるが、必須ではない。

したがって、農協組織における主役は農業者であり、次に地域の単位農協のはずである。各地域の単位農協が、それぞれ独立した法人格を持つ、自立した経済主体であり、それぞれ作物が異なり地理的状況なども異なるのだから、それぞれの農協がその特徴を活かして自由に創意工夫で農産物を有利に販売し、農業者にメリットを出していくのが一番重要なことである。

こうした基本的な考え方を歪めたのが、1954年に農協法改正で導入された農協中央会制度である。

農協法が制定されたのは1947年であるが、1949年のドッジラインにより日本経済が悪化すると、全国で貯金の払戻しができない農協が続出した。

これに対処するために、国に代わって農協経営を指導する組織として農協中央会を作ることとされ、しかも、それは自主的に設立できるというものではなく、全国に1つ、都道府県にも1つという数を限った強制設立であった。さらに、当初の全国農協中央会会長は、農林省（当時。現在の農林水産省）の事務次官OBである。

農協中央会が農協の指導・監査を行う仕組みが60年間続けば、全国農協中央会を頂点とするピラミッド型組織としての意識や、中央会の指導に従っていればよいという風潮が生まれ、農協の組合長に経営者意識がなくなるのも不思議ではない。

連合会にも、本来なら自分の事業領域であっても、面倒なことは中央会に任せておけばよいという意識が生まれてくる。例えば、農産物の販売は全農の担当領域であるが、米などの需給・価格に関する問題を全国農協中央会に任せるようになる。こうした傾向は、各連合会が全国農協中央会に多額の賦課金を出していることも関係している。

そして、農協組織全体に、問題が生じたら自分たちの経済活動で解決するのでなく、中央会の政策要請・政治力で解決すればよいとする風潮が定着する。

その結果、それぞれの経営主体が本来自分の責任で行うべき経済活動を真剣に行わず、誰が経営責任を負っているかも不明確になってくる。

一方で、1954年当時1万を超えていた単位農協数が今や700を下回り、1つの単位農協のエリアが市町村より大きくなっていることを考えれば、現在は、中央会の指導・監査を受けなければ経営できないという状況ではない。

このことを踏まえて、単位農協が、農業者の意向を踏まえて、農業者にメリットが出るような事業を責任を持って展開できる仕組みにするのと同時に、農協中央会・連合会が単位農協の自由な経営を妨げず、単位農協のサポートに徹する仕組みにするというのが、この農協改革の大きな方向である。

①単位農協の改革

まず、単位農協については、それぞれの農協が、農産物の有利販売と生産資材の有利調達に最重点を置いて事業運営を行うようにしていく観点から、次のような改革内容が決定されている。

● 農産物販売については、数値目標を定めて、委託販売から買取販売に移行し、適切なリスクをとりながらリターンを大きくすることを目指すこと

農産物を有利に販売することが、農協にとって最も重要な仕事である。

しかし、これまでは、ほとんどが委託販売であり、農産物の販売価格が低くても、そのリスクを負うのは委託した農業者であり、農協自身は確実に手数料をとるため、リスクを負っていない。これでは、農協が真剣に販売努力をするようにはならない。

このため、農協がリスクをとらざるを得ない買取販売への移行を促進し、農協が有利な販売先を求めて真剣に販売努力をしてもらおうということである。

大切なことは、買取自体よりも真剣な販売努力であり、これをしないで、「農協の経済事業は儲からない」などということを言うべきではない。世の中には農産物販売で利益を上げている人はたくさんおり、食品メーカーも外食企業も流通企業も皆利益を上げて事業を継続している。

2015年　農協法改正の全体像

農協＝農業者が自主的に設立した協同組織
（農業者が農協を利用することでメリットを受けるために設立）

農協組織における主役は、農業者。次いで地域農協。

地域農協

自由な経済活動を行うことにより、農業者の所得向上に全力投球できるようにする
【農業者と農協の役職員の徹底した話合いが大切】

中央会・連合会

地域農協の自由な経済活動を制約せず、適切にサポートする

法改正の内容

地域農協

◎農産物販売等を積極的に行い、農業者にメリットを出せるようにするために

- **理事の過半数を**、原則として、**認定農業者や農産物販売等のプロ**とすることを求める規定を置く【責任ある経営体制】
- **農協は、農業者の所得の増大を目的とし、的確な事業活動で利益を上げて、農業者等への還元に充てる**ことを規定する【経営目的の明確化】
- 農協は、農業者に**事業利用を強制してはならない**ことを規定する【農業者に選ばれる農協】

◎地域住民へのサービスを提供しやすくするために

- 地域農協の**選択により**、組織の一部を**株式会社や生協等に組織変更**できる規定を置く

法改正の内容

全国中央会

- 現在の特別認可法人から、**一般社団法人に移行する**
- 農協に対する全中監査の義務付けを廃止し、**公認会計士監査を義務付ける**

都道府県中央会

- 現在の特別認可法人から、**農協連合会**（自律的な組織）**に移行**する

全　農

- その**選択により、株式会社に組織変更**できる規定を置く

連合会

- 会員農協に**事業利用を強制してはならない**ことを規定する

（出所）農林水産省資料

真剣に販売努力を積み重ね、様々な実需者と契約を結び、トータルの販売額を増やしていこうとすれば、買取は可能であるし、むしろ買取にすることで多様な販売がやりやすくなることもある。

● 生産資材については、調達先を徹底比較して、最も有利なところから調達すること

担い手農業者からは、自分で生産資材を調達した方が農協から買うより安いという声が多く聞かれる。

これまでは、漫然と従来の仕入れ先（全農・経済連を含む）から仕入れていた農協も、少しでも安く調達して農業者に供給できるように工夫すべきということである。

農協は農業者の側に立って仕入れることが大切で、生産資材メーカーの代理人でも下請けでもない、ということである。

● 責任ある経営体制を確立する観点から、農協の理事については、担い手農業者と農産物販売のプロが過半を占めるようにすること

農協の理事は、組織代表制であり、その3分の2以上が組合員でなければならないことになっているが、兼業農家が組合員の多くを占める中で、このルールだけでは、真剣に農業経営に取り組んでいる担い手農業者のニーズを農協運営に反映させることは難しい。

また、担い手農業者のニーズに応えて農産物販売を実行するには、それだけの能力を持った人が理事の中にいなければならない。

このため、理事の中に、専業的農業者の立場から農産物の販売方法等について注文をつける人が必須であるとともに、その注文を実務的にこなせる人が必須であるという趣旨で、農協法にこの規定が設けられた。

この役員制度の問題は、単に数の問題ではない。法律の条文としては、これ以上に書くことは難しいが、本来は理事の質の問題である。

従来の農協の理事が形式上農産物販売を担当していたという場合も、形式的には販売のプロとしてカウントされるかもしれないが、それで本当に組合員にメリットのある農産物販売が行えるかが問われている。理事の選出プロセスにおいて、組合員が、誰を理事にするかをよく検討することが重要である。

- 経営目的の明確化の観点から、農協は、農業者の所得の向上を目的とし、的確な事業活動で利益を上げて、その利益を事業の発展のための投資や組合員への還元に充てることを農協法に明記すること

従来の農協法第8条は、「農協は営利を目的としてその事業を行ってはならない」と規定していた。

このような規定は、協同組織法制に共通のものであるが、協同組織は、出資配当を目的とする会社と異なり、会員の事業利用を目的とする組織なので、利用高配当（生協の割戻金のように、利用した額に応じて後から支払われるもの）が基本で、出資配当には法律上の上限があるという趣旨である。

しかしながら、この規定があることで、農協関係者が「農協は儲けてはいけない」「農協は市町村のような公的な組織である」などと誤解している場合がある。

これが、農産物を有利に販売しようという努力を妨げているケースが見られるので、これを改善するため、従来の農協法第8条の表現を消して、完全に書き替えた。

なお、2015年の農協改革法が成立した後の農協組合長に対する法律の説明会において、私が、「農協は利益を上げて、これを組合員に還元するというのが、この条項の趣旨である」という説明をしたところ、ある組合長から「それは、農家から一旦たくさん手数料をとっておいて、それを後で農家に返せ、ということか」という質問が出された。

この組合長にとっては、農協が儲けるということは、農家組合員から金銭を徴収することであり、農産物を有利に販売して儲けることなど、全く考えていなかったと思われる。

この改革で意図しているのは、農協が組合員の作った農産物をできるだけ有利に販売して、外部から儲けを持ってくることである。

● 農協は自主的に設立・運営される組織であり、事業メリットで農業者に選ばれる農協であることを徹底する観点から、農協は、組合員に事業利用を強制してはならないことを農協法に明記すること

農業者は、農協の事業を利用してメリットを受けようと考えて組合員になったのであり、メリットがなければ利用しないのは当然であるが、これに対して、農協の役職員から「組合員なのになぜ農協を利用しないのか、利用しないなら融資はできない」などと言われたという報告が多数寄せられている。

このような事案は、これまでも独占禁止法の「不公正な取引方法」（これについては、従来から、農協も適用除外とされていない）に該当し、違法であるが、農協法にもこの旨を明記し、根絶を図ろうという趣旨である。

別の機会に詳しく論じたいと思うが、平成に入ってからの独占禁止法違反事例を見れば、農協が、組合員である農業者の所得向上のために農産物を有利に販売しようとして、やりすぎて独占禁止法違反に問われたケースはほとんど見当たらない。

違反事例のほとんどは、農協が、組合員に対して、不公正な取引方法に該当する行為を行って独占禁止法違反を問われたケースである。典型的には、農業者が、農協を通さずに、農産物を販

売したり、農業生産資材を購入したりする場合に、農協が、農業者又はその取引先に対して圧力をかけているケースである。

こうした状況は、農協の業務運営そのものが、農協法の本来の狙いどおりに行われておらず、また、独占禁止法の適用除外を設けた趣旨とも異なる形で行われていることを意味していると考えられる。


農協改革において最も大切なことは、農協の役職員が組合員である農業者、特に担い手農業者と徹底して話合いを行い、そのニーズを踏まえて農産物販売等の経済事業のやり方を工夫していくということであるが、農協側が農業者に圧力をかけてメリットがない事業の利用を強制するような状況であれば、本音の話合いも改革も進むはずはない。

公正取引委員会に摘発されるのは証拠がそろった場合に限られるが、摘発されるかどうかではなく、農業者から見てそういう事態が根絶されることが、農協改革の大前提である。

- 単位農協の経営における金融事業の負担やリスクを極力軽くし、人的資源を経済事業にシフトしていくこと

単位農協においても、自分の名義で信用事業を行っていれば、銀行等と同様の法規制を受けることになる。

人の金を預かる貯金業務を行う以上、これは当然のことであり、自己資本比率の規制だけでなく、役職員体制・業務体制についても、銀行と同様に規律される。

この結果、農協の優秀な職員は信用事業に配置されることになり、農協にとって最も重要な農産物の販売の体制が手薄になる。

このくらい、信用事業にはコストがかかっているということである。

農協の本来業務である農産物販売に力を入れるためには、組合員に対する金融サービスは維持しながら、信用事業を自分の名義で行わないようにする方式への移行も検討する必要があるというのが、この改革の趣旨である。

既に、2001年のJAバンク法で、農協の信用事業を、農林中央金庫・信連に譲渡して、自らはその支店または代理店になる方式は整備されており、農林中央金庫を含めて農協組織全体としてこの方式を真剣に検討し、積極的に活用するよう求めている。

なお、合併では、信用事業を自分の名義で行わないようになるわけではなく、しかも、仮に1県1農協になったとしても、地方銀行の状況を見れば、金融事業の展望が得られるわけでもない。

これまでも、農協の信用事業は、数次にわたって危機的な状況を迎えている。

ドッジラインの後に貯金の払戻しができなくなったことから始まり、住専問題、ペイオフ解禁、そして2008年のリーマン・ショックもあった。

リーマン・ショックでは、農林中央金庫が農協・信連から1・9兆円の追加出資を仰いで、自己資本比率を維持したが、それ以外の問題は、いずれも国の対応策なしには乗り越えられなかった問題である。

このように、金融事業は極めて難しい事業であり、最近の地域金融機関・メガバンクの状況を見れば、金融環境がどんどん難しくなり、かつ収益力の低いものになっていく可能性が高い。

農協サイドには、貯金を集めて農林中央金庫に預けて収益を還元してもらわないと農協経営が成り立たないという議論もあるが、今後は、逆に、信用事業をやっていることが大きなリスクになる可能性もある。

一つの経営体が金融と他の事業を兼営するという仕組みは、農協・漁協（漁協の多くは既に信用漁協連合会に信用事業を譲渡している）以外には認められていないものであるが、人の金を預かる以上、他の事業が健全経営であるのは当然の要請である。

平均的な農協の経営状況は、経済事業が赤字で、これを信用事業・共済事業の黒字で補塡しているが、こうした状況は一日も早く改善しなければならない（経済事業を黒字にするために必要なことは、販売事業のビジネスモデルを工夫することであり、組合員から徴収する手数料を高くするということではない）。

ＪＡバンクも、他の金融機関と同じルールの下で自己責任で経営するほかはなく、私は、農協関係者には、農協の信用事業の今後の在り方を真剣に考えていただきたいと思っている。

●農協の事業を適切に実施するために、必要がある場合には、農協組織の全部または一部を株式会社や生活協同組合などに転換できるようにすること

農協の事業内容は経済事業・信用事業（銀行業務）・共済事業（保険業務）など多岐にわたり、事業の対象者も専業的農業者・兼業農業者・准組合員と称する地域住民（農業者ではないため、准組合員には議決権はない）と複雑化しており、今後、農協という一つの組織で複数の事業を的確に行うのが難しくなることも想定される。

事業の種類によっては、会員資格のない株式会社形態にしたり、消費者なら誰でも会員になれる生協形態にした方が、より的確に事業を運営していけることもあり得る。

このため、必要があれば、農協組織の全部または一部を株式会社等に組織変更することができるように、法的手当てを行っている。これを使うかどうかは、農協の選択である。

なお、信用事業・共済事業と他事業の兼営は株式会社には認められていないので、信用事業・共済事業を行っている農協はその組織の全部を株式会社に転換することはできず、一部の組織変更しかできない。

組織転換規定は、連合会を含めて手当てされており、全農などについても、法的には、株式会

社への転換が可能になっている。

組織転換をすれば、農協法に基づく農林水産省・都道府県の監督はなくなる（生協に転換する場合は、生協法に基づく監督が及ぶことになる）。

②連合会・中央会の改革

次に、２０１５年の政府与党の取りまとめの中で、連合会・中央会の在り方については、単位農協の在り方を前提として、単位農協の自由な経済活動を妨げず、そのサポートに徹するという観点で、次のような改革の方向が決定されている。

- **単位農協が、農産物販売や生産資材の調達等に関して、全農や経済連を利用するかどうかは、単位農協の選択に委ねること**

単位農協の中には、農協組織である以上当然のことであるかのように、全農や経済連に農産物販売を委託し、そこから生産資材を調達しているところが多い。

しかし、それが単位農協・農業者にとってメリットがないのであれば、単位農協は実需者に農産物を直接販売してもよいし、生産資材メーカーから資材を直接仕入れてもよい。

これに対して、全農や経済連が圧力をかければ、独占禁止法の不公正な取引方法に該当し、違法となるので、そういうことはしてはいけないという当たり前のことを確認している。

これを徹底すれば、全農・経済連としても、単位農協から取引先として選択してもらえるように、仕事の仕方を工夫せざるを得なくなるということである。

●全農・経済連は、農業の発展に資する経済活動を経済界と連携して積極的に実施すること

従来の農協組織は、同じ協同組織である生協との連携は考えても、経済界との連携をあまり意識していなかった。

しかし、農産物の販売などを考えれば、経済界との連携は不可欠であり、農協も日本経済の一員という自覚を持って取り組むことで、農協組織にも農業者にもメリットがあるということである。

●これまで全国中央会が行ってきた農協に対する会計監査については、農協が信用事業を安定して継続できるようにするため、農協に、信用金庫・信用組合を含めた他の金融機関と同様に、公認会計士の会計監査を受けることを義務付けること

1996年に、農協を含めて全ての金融機関に経営の健全性確保のための規制が導入されたが、この際、農協にも公認会計士監査を導入することが、大蔵省銀行局（当時）との間で議論になった。

銀行局は、貯金を預かる以上、農協も公認会計士監査を受けることが必要という立場であり、

議論は相当難航したが、最終的には、中央会の監査体制に公認会計士も参加してもらい、監査の質を高めていくことを条件に、当面は中央会監査で対応することで決着し、これが、住専問題の後始末としての農協改革法の中に盛り込まれた。

これは、将来は他の金融機関とイコールフッティングにしていくことを念頭に置いた決着であり、これから20年が経過すれば、公認会計士監査に移行するのは必然的な流れである。

しかも、年々、農協の正組合員（農業者）が減少し、准組合員（農業者でない地域住民）が増加してきた結果、今や、准組合員の方が正組合員より多いという状況にあり、農協の信用事業は「仲間内の金融」という範疇を明らかに超えている。

こういう状況の下では、経営の健全性を確保するために、他の金融機関と同様に、外部の専門家による監査を受けるのは当然のことである。

また、中央会監査を受け、中央会からの指導を受けて、これに対応することを長年にわたって続けていれば、単位農協の役員に「中央会の言うことに従っていればよい」という感覚が生まれてくる。

これが、単位農協が自立し、組合員にメリットを出すために創意工夫することを妨げている側面があるわけで、この中央会監査の義務付けを廃止することにより、単位農協の自立と責任ある経営を促し、経済事業の改革を進めるというのが、今回の農協改革における一つのポイントであった。

なお、与党の調整プロセスにおいて、この点は最後まで難航し、中央会監査から公認会計士監査への移行に、経過期間を設けるとともに、円滑に移行できるようにするための政府の配慮規定が、改正法の附則に規定されている。

また、移行後は、農協は公認会計士の会計監査を受けることになるが、どの公認会計士・監査法人に監査を依頼するかは、それぞれの農協が自由に判断すべきものである。

●中央会制度は廃止し、自律的な制度に移行することとし、2019年9月末までに、全国中央会は一般社団法人に、都道府県中央会は農協連合会に移行すること

中央会の会計監査の義務付けがなくなり、強力な指導・監査権限を持つ農協中央会という特別組織の必要性がなくなる以上、中央会は、自主的に設立された、強制力を持たない法人格に変わるということである。

1954年に農協中央会の制度を導入するまでは、こういう組織は存在しなかったわけであり、漁協の世界では、現在に至るまで中央会という組織は一度も設けられていない。

したがって、農協関係者には、この機会に、今後の中央会が具体的にどのような仕事をするの

かをゼロベースで議論し、明確にしていただく必要がある。そのうえで、その仕事をするための経費を誰がどう負担するかもきちんと整理する必要がある。

こうすることで、単位農協と中央会、各連合会と中央会の分担が明確になり、それぞれが責任を持った運営を行うことができるようになる。

中央会の在り方は、中央会自身の問題というより、単位農協・連合会の在り方の問題である。単に、中央会を一般社団法人や連合会に組織変更すればおしまいということではない。

また、これまでは1県1農協になっている県についても、当該農協とは別に県中央会という組織が存在したが、今後は県中央会は自由設立の連合会になるわけであり、県中央会を置く必要はない。

- 准組合員の利用量規制の在り方については、5年間、正組合員及び准組合員の利用実態並びに農協改革の実行状況の調査を行ったうえで、慎重に決定すること

中央会の在り方とともに、与党プロセスで最後まで議論された准組合員（農業者でない地域住民）の在り方については、結局、成案が得られず、5年後に先送りされた。

農協改革の目的は、農産物販売や生産資材の調達において、正組合員である農業者にメリットが出るようにすることにあり、これとの関係において、准組合員がどんどん増加し、そのニーズに応える事業運営を行っていくことをどう考えるか、というのが基本的な問題意識である。そう

いう意味では、5年間に、農協改革の成果が、農業者から見て、十分に出たかどうかということが問題になる。

しかも、准組合員が利用するのは信用事業・共済事業が中心であり、農協組織全体としての金融業務の将来をどう考えるかということも絡んでくる。

そして、日本の協同組織法制は、農業者・中小企業・消費者など組合員の資格ごとに別建てとなっている。農協法はあくまでも、「農業者」の協同組合についての法律なのであって、だからこそ農林水産省が農協を監督する仕組みになっている。准組合員の動向・利用状況等が、この農協法の本質との関係でどうなのかということも考えなければならない。

なお、以上の改革内容に関し、2015年農協改革法は、附則第51条第2項で、政府は、改正法の施行（2016年4月1日）後5年を目途として、農協改革の実施状況等を勘案し、農協に関する制度について検討を加え、必要があると認めるときは、その結果に基づいて、必要な措置を講ずるものとする旨を規定している。

6　生産資材・農産物流通の改革と関連した全農改革（２０１６年）

農業競争力強化プログラム

２０１５年10月にＴＰＰ協定（環太平洋パートナーシップ協定）が大筋合意に達すると、これを踏まえた農業関連対策をどうするかが議論となった。

当面の予算措置は同年中に決定されたが、本格的な対策は、翌２０１６年9月から与党で本格的な議論が行われ、11月に「農業競争力強化プログラム」として、政府与党で決定された。

このプログラムは、「農業者が自由に経営展開できる環境の整備」を基本コンセプトとして、非常に広範な内容となっているが、プログラムの中の「生産者の所得向上につながる生産資材価格形成の仕組みの見直し」と「生産者が有利な条件で安定取引を行うことができる流通・加工の業界構造の確立」の部分は、農協改革とも密接な関係を持っている。

農産物の小売価格をベースに農業者の所得を考えた場合、まず、小売業者経費・中間流通業者経費・農協経費等の流通コストが引かれて、農業者の販売価格となる。

ここから、地代・利子等のほか、肥料・農薬・機械などの生産資材コストが控除されて、農業者の手取りとなる。

作物によっても、経営規模によっても異なるが、例えば、15ヘクタール以上の米の農業者を例にとった試算では、32パーセント程度の流通コストを引かれて、農業者の販売価格は小売価格の68パーセントとなる。ここから生産資材コスト19パーセントを含めて38パーセントの生産コストが控除されて、農業者の手取りは小売価格の30パーセントとなる。

農業者の経営を発展させるためには、この農業者の手取りを上げ、次への投資が円滑に行えるようにしていかなければならないが、農業者の手取りを上げるためには、流通コストや生産資材コストを引き下げる必要があるということになる。

これまでの農林水産省の政策では、この部分に意味のある対策を講じてこなかったが、これを正面から取り上げて、農業者の所得を向上させ、将来の経営展開に向けての投資等ができるようにしようということである。

私は、2015年秋から水面下で準備を進めていたが、2016年6月に事務次官に就任したことで、省内各局と議論しながら正式な準備を進められるようになり、9月からの与党での議論に向けて精力的な検討を行った。

小売価格と農業者手取りの関係
（米（大規模（15ha以上）層）を例にとって試算）

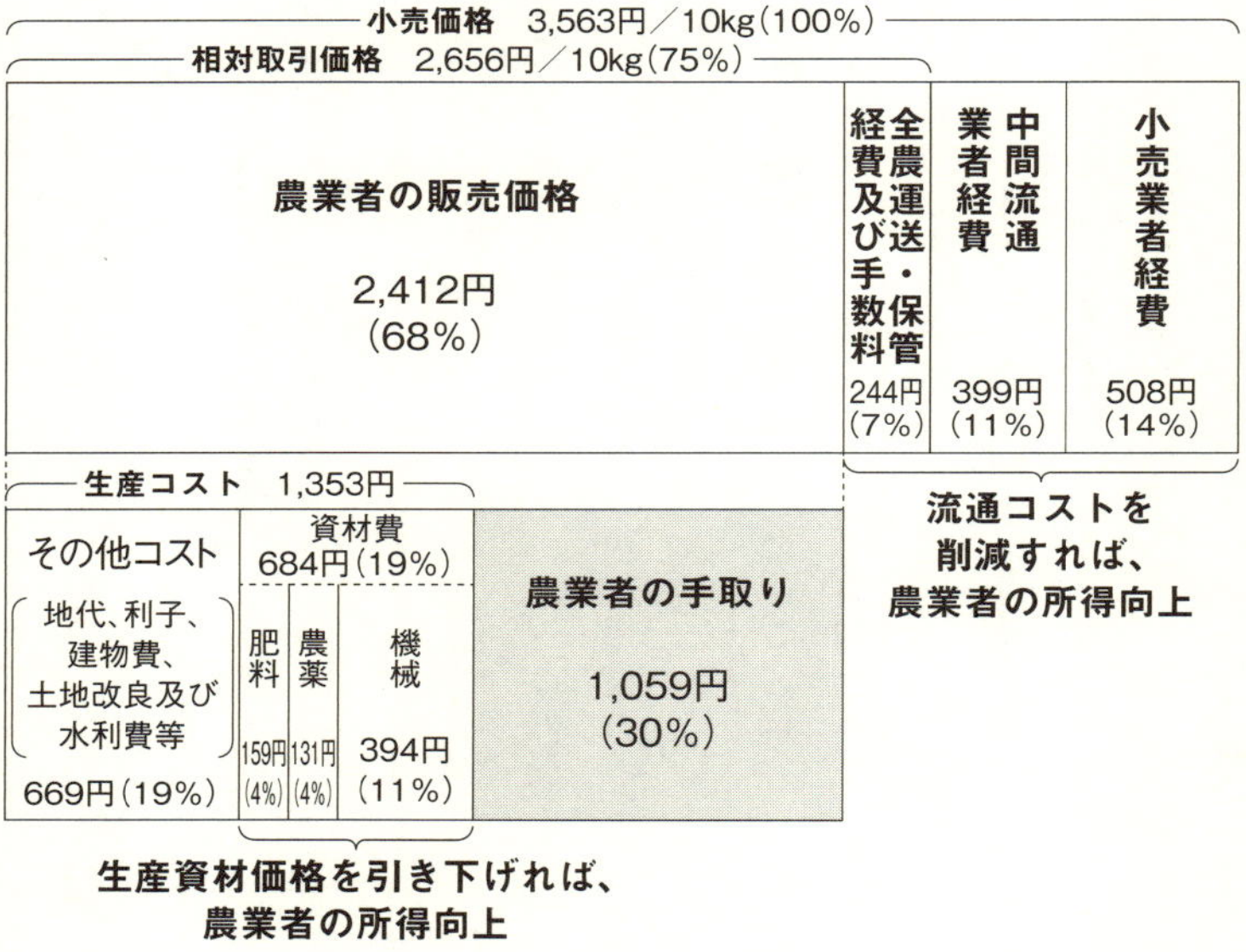

※1　小売価格は総務省「家計調査」から推計（平成25年9月から26年8月までの値を加重平均）。
※2　相対取引価格（2,656円）は、農林水産省「米穀の取引に関する報告」による相対取引価格（平成25年産平均）を精米換算したもの。
※3　全農運送・保管経費及び手数料は、全農公表資料及びJAからの聞き取り（平成25年）の中央値。
※4　中間流通マージンと小売マージンは農水省の過去の推計値（平成18年）を基に按分。
※5　生産コストは農業経営統計調査の生産費（平成25年産、家族労働費、自己資本利子・自作地地代を除く）。
（出所）農林水産省資料

1 生産資材価格の引下げ

韓国との比較

まず、生産資材の価格については、日本と作物や気象条件の似ている韓国との比較調査を行ったところ、非常に割高であることが判明した。肥料は1・7から2・1倍、農薬は0・7から3・3倍、農業機械は1・2から1・6倍という数字である。

貿易の自由化により農産物自体が国際競争にさらされるときに、コストである生産資材が外国とイコールフッティングにならなければ、不公正であり、農業者は対等に戦うことができない。

生産資材業界の再編

このような価格差が発生する原因は、生産資材業界の業界構造にあり、またその業界構造を温存するような全農等の生産資材の買い方にある。

肥料についていえば、N（窒素）・P（リン酸）・K（カリウム）を基本成分としているにもかかわらず約2万に上る銘柄数があって、多品種少量生産になっており、約3000の乱立したメーカーが生産性の低い生産を行っている。

また、逆に、農業機械については、大手メーカー4社の出荷が8割を占め、シェアが固定されて競争が働かないため、割高になる、といった状況である。

更に都道府県や農協が作る施肥の基準・暦といったものが、肥料の銘柄名まで記載していることで、類似の肥料の銘柄が集約されることなく温存されてきたという問題もある。

こうした問題を解決するには、生産性を上げる「適正な競争環境」を作っていく必要がある。肥料についていえば、銘柄数を集約し、メーカーも生産性の高いところに集約していく、機械についていえば、他分野のメーカーやベンチャー企業の参入により、品質・価格面での適正な競争が行われる状態にしていくということである。

「適正な競争環境」の実現は、市場経済の下では、非常に重要なテーマであり、常に、競争状態を固定させず、国際競争力の強化につながるような方向で刺激を与えることが必要であると思う。「農業競争力強化プログラム」を踏まえて制定された農業競争力強化促進法の中で、こうした業界再編を推進するスキームが規定されている。

日本の市場だけを考えれば、生産資材の需要がこれ以上増加することはない。環境保全型の農業への移行が進めば、肥料や農薬の需要は減少するし、経営の大規模化が進めば、小型の農業機械を多数の農業者がそれぞれ保有するというスタイルも解消していくはずである。したがって、市場規模は基本的に縮小傾向にある。

従来のやり方のままでは資材メーカーの経営展望も得られない。

この際、生産資材メーカーは、業界再編を行ったうえで、成長するアジアの農業生産も視野に入れて、世界戦略を立てることが必要だと思う。

こうすれば市場規模は大きく拡大するわけで、それを前提に低コストで生産し供給すれば、メーカーにとっても日本の農業者にとっても、メリットになる。

全農の生産資材の買い方

そして、この業界再編の推進については、全農の生産資材の買い方の見直しが密接に絡んでいる。

これまでの全農の買い方は、業界構造を前提として護送船団的に購入するというものであったが、全農は、あくまでも農業者の協同組織である。

メーカーのサイドに立つのでなく、農業者の立場に立って、生産資材を有利に調達することが全農の使命であり、農業現場の必要性を考慮したうえで銘柄を集約し、競争入札で調達先を決めることを徹底していく必要がある。全農の取組みがまず重要であるが、単位農協についても基本的に同様である。

このことが、「農業競争力強化プログラム」の中に明記されている。

国の役割

「農業競争力強化プログラム」では、生産資材価格の引下げに向けた国の役割として、国内外の生産資材の生産・流通・価格等の状況を定期的に把握・公表するとともに、生産資材に関する各種法制度及びその運用について定期的に点検を行い、合理化・効率化を図ることが明記されている。

これを踏まえて、法制度の見直しの一環として、2017年に農業機械化促進法と主要農作物種子法の廃止法が成立し、2018年には農薬取締法が改正されている。

主要農作物種子法について、簡単に説明しておく。

種子・種苗は、農業の競争力の源泉であり、単なる生産資材ではなく、戦略物資と考えるべきものである。

したがって、将来にわたって、国際競争に勝てる種子・種苗の開発と供給が行えるよう、国の総力を挙げていく必要がある。

野菜・果実の種子・種苗については、従来から民間の品種改良も成果を上げている。知的財産権の保護などもっと強化しなければいけない面もあるが、官民の総力を挙げて品種改良を進めている状況にある。

これに対して、稲などについては、戦後の食糧不足の時代に、主要農作物種子法が制定され、都道府県が、奨励品種を決定し、種子生産をコントロールするという地方行政中心のシステムが作られた。

その後、米が供給過剰となり、米を政府が全量管理する食糧管理法が廃止され、種子・種苗全般の品質管理等を定めた種苗法が制定されてからも、この法律は維持された。

しかし、この地方行政中心のシステムの下では、民間の品種開発意欲は著しく阻害されるわけであり、この状態を放置すれば、やがて日本の品種改良が外国に劣後し、優良な種子・種苗を輸入して使わざるを得ないような事態も生じかねない。

このため、この法律は廃止し、国・都道府県・民間企業が連携・協調しながら、消費者・実需者のニーズに合致し、国際競争に勝てる品種開発を進めることが、プログラムに明記された。

2 流通・加工構造の改革

流通の現状

農産物の流通・加工については、日本の場合、戦中戦後の食糧不足時代に公平な配分を旨として確立されたビジネスモデルが、今なお中心となっている。

米については、食糧管理法の下で、米の卸売業者が位置付けられ、卸売業者を通して小売業者・実需者に販売されていたが、食糧管理法が廃止され、米流通が完全に自由化されている現在においても、米卸売業者が相当量を扱っている。

また、青果物についても、卸売市場において、セリなどにより、集荷した卸売業者から仲卸業者に販売されるものが、相当量ある。

目指すべき流通・加工構造の在り方

生産者・消費者双方にとってメリットのある流通構造にしていくためには、流通コストをできるだけ小さくし、安定的に取引できる流通システムとすることが必須である。

そうすれば、消費者・実需者のニーズが生産者にストレートに伝わり、また農産物の価値が消費者・実需者にストレートに伝わることにもなる。

それには、農業者・農協から実需者・消費者に農産物を直接販売するルートを拡大していくことが基本であり、そうなれば、中間流通業者である、米卸売業者や卸売市場関係者については、抜本的な合理化・事業転換の推進が必要となる。

ITが普及するということは、生産者と消費者・実需者が直結できるということであり、その間を仲介するような業務の必要性は、時間とともに小さくなる。

また、卸売市場については、法規制のない市場外で自由な流通が拡大していく中で、卸売市場の中の取引ルールが硬直化していれば、卸売市場関係者は市場外流通との競争力を失うことになる。したがって、卸売市場関係者にとって、卸売市場法の見直しが必須になるのである。なお、「農業競争力強化プログラム」を踏まえて、卸売市場法は2018年に改正されている。

小売業についても、日本では、欧米と比べて大手の市場シェアがはるかに小さく、多数の量販店等が激烈な競争を展開している。安売り競争は、いかに安く仕入れるかという競争になり、その結果、仕入価格は低くなり、場合によっては生産者は再生産すら難しい状況になる。

この点は、農業者だけでなく、食品メーカーにとっても同じことであり、日本では食品メーカーの利益率も欧米に比べて著しく低い。

こうした状況から脱却するためには、量販店など小売業界の再編を進め、生産者と消費者の双方がメリットを得られる効率的な流通システムを確保し、多様な商品を適正な価格で安定的に提供できるようにしていく必要がある。

食品メーカーの国際競争力を強化していくことも重要な課題であり、そうなれば、原料農産物の需要も拡大する。

農産物の輸出拡大を考えても、生鮮農産物の輸出だけでなく、保存できる食品としての輸出が重要であり、このためにも、食品メーカーの競争力の強化は重要である。

食品メーカーが国際市場で戦うためには売上げが3兆円を超える必要があるともいわれており、経営体力をつけ、ブランド力を高めるうえでも、食品メーカーの業界再編が必要になってくる。

こうしたことから、農業競争力強化促進法においては、流通・加工業界の再編に向けた取組みを金融・税制面で推進するスキームが規定されている。

なお、大手企業を含めた業界再編を進めていくためには、独占禁止法の企業結合規制との関係も大きな問題となってくる。IT・AI分野が著しい発展を遂げ、中国を含めた国際競争が激しくなる中で、産業政策の課題も大きく変化してきており、こうした制度についても、あるべき姿を考える時期に来ているように思う。

全農の農産物の売り方の見直し

流通業界の再編についても、全農の農産物の売り方の見直しが関係してくる。

これまでは、全農は、中間流通業者への販売を中心としており、これが、時代の変化に対応した流通構造の改革を妨げてきた面がある。

卸売市場への販売については、価格決定そのものにほとんど関与できないという問題もある。

今後は、食品メーカー・外食産業といった実需者や消費者に、安定的に、直接販売することを基本として、強力な販売体制を構築していく必要があり、これが中間流通の業界再編を促進することになる。

全農は、必要があれば、安定した販売ルートを有する流通関連企業を買収することも考えられるし、安定的な取引先の確保に目処がつけば、委託販売から買取販売に転換することも容易になる。

全農の取組みがまず重要であるが、単位農協についても基本的に同様である。

このように、「農業競争力強化プログラム」は、農産物販売・生産資材調達において、全農改革の方向をさらに具体化することにもなった。

全農が、農産物販売や生産資材供給の面で、戦略的な対応を進めていけば、経済界の農協組織を見る目も変わり、農業者にとっても、大きなメリットが出ることになると思う。

3 生乳流通改革

「農業競争力強化プログラム」には、生乳流通の改革も明記され、2017年に、これに基づく法改正が行われた。

これは全農の問題ではないが、農協改革としての側面を持っているので、ここで説明しておきたい。

加工原料乳生産者補給金等暫定措置法は、1965年に制定されたもので、当時、国民の食生活の変化で飲用牛乳の消費が伸びていくと予想されたため、北海道を中心とするバター、脱脂粉乳などの乳製品向けの加工原料乳を作っている産地の農業者に補助金を出すことで、将来の飲用牛乳の産地を確保しようというものであった。

そして、この補助金の交付に当たって、指定された農協（「指定団体」といわれる）を通して生乳を販売することを条件としていた。

「暫定措置法」でありながら50年も続いたことも問題であるが、この間に、牛乳の消費構造は大きく変わり、飲用牛乳の消費は頭打ちになり、一方で、ヨーグルトやチーズなどの乳製品は国民生活の中に定着し、しかも、その需要は多様化し拡大してきている。

現時点での政策課題は、国民の多様な需要に応えるとともに、外国とも競争できる高品質・低コストの乳製品生産をどう進めるかということである。

それには、生乳の流通についても、単線型でなく複線型にして、適正な競争と多様な取組みが行われるようにする必要がある。

また、住専処理から始まる一連の農協改革の中で、農林水産省は、これまで、農協を行政のツールとして使ってきたことを反省し、「行政は、農協も農業者の団体の一つとして、他の農業者やその団体と同等に扱う」ということを明確に打ち出してきたが、農協を通して販売しないと補助金が出ないという法制度は、この方針に反しており、また、農業者に農協利用を強制するものでもある。

こうしたことを踏まえて、農協を通さない生乳についても、補助金を交付する仕組みに改正された。

7 農協問題の総括

以上のように、私は、数回にわたって、農協の問題にかかわってきたが、この章を終えるに当たって、これまでの農協改革の歴史を踏まえた簡単な総括をしておきたい。

農協という協同組織は、株式会社と同様に、法律が付与した法人格である。組織の運営ルールが、会社のように出資中心(1株1票)でなく、組合員中心(1人1票)に設計されている点が異なるが、会社法は2005年の改正で制度の弾力的運用が可能になっており、会社を協同組合のように運営することも不可能ではない(組合員全員に同数の普通株式を与え、普通株式には譲渡制限をかけ、あとはすべて議決権のない優先株式という形にする)。

したがって、大切なことは、組織形態自体ではなく、農業者にメリットを出す経済活動ができるかどうかということである。

そのために、農協関係者に考えていただきたいのは、次の点である。

- 農協は自らの経済活動で農業者にメリットを出す。
（政策要請を行うことは構わないが、まず自分たちの経済活動でやれるだけのことをやるのが前提である）
- 農協という組織の都合で仕事をするのではなく、農業者の立場に立って仕事をする。
（農協職員に給与を払うことも必要だが、職員に農業者にとってメリットのある仕事をさせることが先決である）
- 組合員平等にこだわらず、専業的農業者にメリットを出すことを考える。
（専業的農業者にメリットがあれば、必ず兼業農業者にもメリットとなる）
- 経済社会の変化に合わせて、農産物販売の仕方や生産資材調達の仕方を、常に工夫し、最適なものとする。

- 我が国経済界の一員であることを踏まえて、企業と積極的に連携する。
- 金融事業の在り方については、これまでの農協金融の危機の歴史、現在の金融業界の状況、今後の金融業界の見通しを踏まえて、真剣に検討し、自己責任で対応する。
- メリットがあるかどうかを判断するのは、農業者であり、農協ではない。（農業者に農協利用を強制するようなことは、決してしない）
- 改革の成果が上がっているかどうかを判断するのも、農業者であり、農協ではない。

農協組織が、担い手農業者にとって、また日本農業の発展にとって必要な存在として、生き残れるかどうかは、農協組織の役員・幹部職員の意識と行動にかかっている。

なお、農協は、農協法に基づく行政の監督を受けているとはいえ、民間の経済主体であり、自己責任も当然のことである。

第4章 農業競争力強化その他の農政改革

1　農業競争力強化プログラム

2016年に政府与党で決定した「農業競争力強化プログラム」は、「農業者が自由に経営展開できる環境の整備」をコンセプトとし、第3章で説明した「生産資材価格の引下げ」「流通・加工構造の改革」「生乳流通改革」のほか、「戦略的輸出体制の整備」「原料原産地表示の拡大」など広範な内容を含むものとなっている。

ここでは、そのうちの「農業収入保険」と「農業技術イノベーション」について説明する。

1 農業収入保険

10年以上かけた準備・検討

農業収入保険制度は、構想から10年以上かけて準備・検討を進めて実現したものである。

私は、2004年から3年間、人事担当課長をしていたが、このときに、省内の組織活性化の観点から、官民人事交流を本格的に始めることとした。交流先の企業をどこにするかは、今後どういう連携ができるかということを中心に検討したが、まず考えたのが損害保険会社である。農林水産省の政策のかなりの部分は、農業者が自然環境・経済環境の中で負っているリスクを軽減することであるが、補助金を使わなくても、損害保険の仕組みを活用すれば、もっと円滑かつ効率的に対処することができるのではないかという発想である。ある損害保険会社との人事交流が始まり、保険のノウハウを農業分野にどう活用できるかという研究が事実上進み始めた。

この時点で、私は、農業者の農業収入を全体としてカバーすることのできる収入保険を構築するというイメージを明確に持っていた。

その後、2011年に、私はこの問題を担当する経営局長に就任したため、収入保険の本格的な検討を開始した。

従来から、経営局が担当する農業者のセーフティーネットとして、農業災害補償法に基づく農業共済制度があったが、この制度では、

- 自然災害による収量の減少のみが保険対象で、価格低下などは対象となっていない。
- 対象農産物も収量の減少が把握できる品目に限定されており、野菜のように1年に何回も収穫できるものは対象品目になっていない。
- 加入も品目ごとの加入で、農業経営全体をカバーしていない。

という問題があった。

農業の成長産業化を図るには、自由な経営判断に基づき経営の発展に取り組む農業者の経営を安定させる必要があるが、こういう経営者の中には、複数の農作物を生産している者、農業共済の対象とならない野菜などを生産している者も多く、従来の制度では、的確にカバーできないので、農業共済制度の問題点を克服するものとして、収入保険制度を作ろうと考えた。

検討は、

- 米国の収入保険制度の実態を調査する。
- 日本で実施するとした場合の仕組みを考える。
- 制度を運用した場合の収支や保険料水準を試算するのに必要な農業者の経営データを収集する。
- 試行的に農業者の協力を得て実施してみて、その結果により制度の最終設計をする。
- 政府与党の調整を経て、法制化する。

というプロセスで段階的に行った。

この制度のポイントは、個々の農業者の収入を正確に把握できるかどうかという点にあり、税金の関係書類でチェックするという新しい仕組みを採用するため、十分時間をかけて検討する必要があったのである。

このため、私の5年間の経営局長在任中には決着まで至らず、事務次官になったのち、2016年の「農業競争力強化プログラム」で政府与党の決定となり、2017年の国会で法制化（農業保険法）がなされた。

収入保険のスキーム

最終的なスキームは、次のとおりである。

①対象者

●青色申告を行い、経営管理を適切に行っている農業者（個人・法人を問わない）を対象とする。青色申告は5年間継続していることが基本である。

②収入の把握方法

●農業者は自己申告するとともに、青色申告書等の税務関係書類を提出し、実施主体が提出書類をチェックする。

③対象収入

●自ら生産した農産物の販売収入全体を対象とする。所得ではない。

④対象要因

- 自然災害による収量減少だけでなく、価格低下を含めて、農業者の経営努力では避けられない収入減少全般を対象とする。販売先の倒産で代金が回収できない場合や、収穫後に豪雨災害で農産物が流出してしまったような場合も対象になるが、農業者が意図的に栽培管理を怠ったり、安売りをしたりした場合などは対象外である。

⑤補償内容

- 基準収入は、農業者ごとに、その人の過去5年間の平均収入とすることを基本とする（同一地域で同一作物を作っていても、販売単価が高い人は、基準収入も高くなる。従来のセーフティーネットの多くは地域ごとに一律となっている）。
- 当年の収入が、基準収入の一定割合を下回った場合に、一定の比率で補塡金を支払う。
- 保険料等は、危険段階別とし、保険事故の発生が少ない者ほど低くなるように設定する。

基本的に、これからの地域農業の中心となる経営能力の高い農業者にとって、メリットがあり、使いやすい仕組みとなるように設計している。

保険制度の場合、加入者の中に経営能力の低い人が多数いれば、経営能力が高く保険事故の少ない人にとって加入のメリットがなくなり、制度の政策的な意義もなくなるので、前述のような設計となっている。

なお、従来の農業共済制度等のセーフティーネットとの関係については、二重補助を回避するため、農業者に、収入保険と従来の制度のどちらかを選択してもらうことにしており、重複加入はできないようになっている。

また、畜産関係の補助金については、収入変動だけでなく、コスト変動まで見る手厚い補助金が存在しており、当面は、当該品目は、収入保険制度の対象から除外している。

収入保険制度の導入時点で、こうした他の制度との調整を徹底しようとすれば、収入保険制度の導入そのものが難しくなることも考えられるので、このような形になっており、制度が定着した時点で、全体としての検討が必要になると考えている。

収入保険の制度設計のプロセスにおいても、農業者との意見交換を何度も繰り返し、現場で使いやすい効率的・効果的なものとなるように工夫してきたことを付言しておきたい。

2 農業技術イノベーション

農業の国際競争力を向上させようとする場合、重要なのは科学技術である。

補助金の交付自体で生産性が上がるということはなく、技術革新が生産性の向上につながる。

行政が、国内・国外の最先端技術を常に把握するとともに、意味のある技術がどんどん現場に導入される環境を作っていくことが必要である。

私は、今の状況を「科学技術が農業に追いついてきた」と表現しているのだが、これまで最先端の技術は工場の中で活用するものがほとんどであった。ここにきて、IT、ドローンなど屋外で使える、または屋外でこそ効果を発揮するものが増えてきた。さらに、AIは、これまで経験を積んだ熟練農業者の頭の中だけにあったノウハウを外部化することを可能にする。

このように、ここにきて、最先端の技術を農業に活用する可能性は大きく広がってきている。

一方で、これまでの農業関連の技術開発は、国・都道府県の研究機関や各大学がそれぞれ思い思いの研究をしているという傾向が強く、実用化になかなかつながらず、また良い研究成果があっても農業者や食品企業には伝わらないという状況であった。

私は2010年に4か月だけ、農林水産省の研究開発行政を所管している農林水産技術会議事務局長というポストを経験したが、このときから、こういう問題意識を強く持っていた。

日本では、ほとんどの国立大学に農学部があるが、オランダはワーヘニンゲン大学にしか農学部がない。そのワーヘニンゲン大学が、農業者・企業と一体となって集中的に技術開発を進め、開発した技術を農業者が実装するところまでフォローすることにより、オランダの農産物輸出の拡大を牽引している。日本もこうした努力を積み重ねていく必要がある。

このため、「農業競争力強化プログラム」の中で、目標を明確にした戦略的技術開発を進めることとし、農業者や企業と研究機関が一体となった研究体制を作り、農業者が実装するところまでを意識して開発目標を定めて、開発を進めていくことが明記された。実際の取組みも始まっている。

例えば、機械であれば、農業者から見た性能や価格までを目標として設定してから開発を行うことになる。どんなに高性能であっても、高価格で農業者の手が出ないようなものは開発しても意味がないということである。

また、農業研究の成果を「見える化」し、誰でも研究成果を検索して、研究者と連絡をとり、活用できるようにするため、「アグリサーチャー」という検索システムを整備することも明記された。既にスマートフォンやパソコンから利用できるようになっているが、この使い勝手を継続的に改善していく必要がある。

更に、熟練農業者の現場での作業ノウハウを「見える化」し、若者などが短期間でその技術を身につけられるようにするため、ＡＩによる形式知化を行うことも明記され、取組みが始まった。

国の農業研究機関である「農業・食品産業技術総合研究機構（農研機構）」は、産業技術総合研究所や理化学研究所に匹敵する予算規模・人員規模を持っており、PRは不足しているが、研究成果の蓄積にも相当なものがある。

この蓄積を最大限に活かすため、2018年4月からは、農研機構の理事長に民間企業出身者に就任していただいており、官民の総力を挙げた研究開発が大きく前進することが期待される。

また、「農業競争力強化プログラム」に書いてあるわけではないが、既に開発した技術を持っている企業と農業者を結びつけることも重要である。

同種の技術を持っている企業が複数あれば、農業者の目で比較することで、最も優れたものを選抜することもできるし、場合によっては複数企業が協力して、より良い製品に改良することも考えられる。

また、農業者から見て最も望ましいものに絞ってまとめて発注すれば、その製品の生産コストを大きく低下させることも可能となる。

こうした技術のマッチングを含めて、農業技術イノベーションについては、地道な取組みを着実に進めて、具体的な成果を出していく必要がある。

スマートフォンやパソコンさえあれば、

● 栽培管理（水管理・収穫時期の決定など）については、センサー・データとビッグデータ解析により、最適化を図る。

●作業ノウハウについては、AIによって形式知化された熟練農業者のノウハウを活用する。
●作業そのものについては、無人機械・ロボット（トラクター・収穫機など）などにやらせる。
という時代が、すぐそこまできている。

2 家畜伝染病対策

安倍内閣の下での農政改革ではないが、それ以前に私が局長として担当した仕事のうち、行政官の仕事、特に制度設計に際して参考となるものをいくつか整理しておきたい。

まず、家畜伝染病対策である。

2010年4月20日に宮崎県で口蹄疫が発生し、牛・豚約30万頭を殺処分するという、我が国の家畜防疫史上最大の事件が起きたが、これが終息した直後の7月に、私は消費・安全局長に就任した。

家畜伝染病が蔓延すれば、畜産物の供給に影響が出るだけでなく、地域経済に深刻な打撃を与え、国際的な信用を失い、畜産物の輸出も止まることになるので、防疫対策は極めて重要である。

消費・安全局長になった私の最大の課題は、宮崎の口蹄疫の経緯を検証・反省して、家畜防疫体制を実効あるものに改革することであった。

宮崎県の口蹄疫の問題点

同年8月から、第三者委員による口蹄疫対策検証委員会を設置し、専門家の委員の方々とともに、関係者のヒアリングを行いながら、宮崎の事例の問題点を整理していった。

具体的には、次のような問題があった。

- 畜産農家段階の日常的な衛生管理に問題があり、更に本来バイオセキュリティーレベルが高いはずの宮崎県の畜産試験場などの施設でもウイルスの侵入を許してしまった。
- 異常家畜の発見の見逃しや通報の遅れがあり、感染を拡大する原因となった。
- 感染家畜の数が多すぎ、また埋却地が確保できていないことから、殺処分・埋却を速やかに行うことができず、これが更に感染を拡大する原因となった。
- 国と県との役割分担が明確でなく、連携が不足し、混乱を生じた。

こうした問題点を踏まえて、検証委員会は家畜防疫体制の改革案を報告書として取りまとめたが、そのポイントは、大きく分けると、疾病が発生しないようにする「予防」、発生してしまった場合の「早期通報」、それを踏まえた「的確な初動」の3つである。

そして、この報告を踏まえて、２０１１年に、家畜伝染病予防法の抜本的改正が行われた。

予防

まず、「予防」である。

欧米の畜産業は、歴史もあり、牧草地と密接に結びついているため、それほど過密化しているわけではないが、後発のアジアの畜産は、輸入の飼料穀物に依存して急速に発展したため、過密飼養になりやすく、これが疾病の蔓延をもたらす大きな背景となっている。

現に、我が国の周辺国は、韓国も中国も口蹄疫の非清浄国であり、我が国は常に口蹄疫をはじめとする家畜伝染病の脅威にさらされていると考えなければならない。

したがって、国境における検疫も、輸入される畜産物のチェックはもちろんであるが、入国者の靴底消毒など、人がウイルスを持ち込むことを防止することが重要となる。

法改正の中では、農林水産省の動物検疫所が、入国者に対する質問や携帯品の検査を行い、必要な場合には、携帯品の消毒を行えるようにしている。

また、農林水産省の動物検疫所長は、航空会社や空港等に対して協力を求めることができるようにしている。

検疫には、旅行者をはじめとする国民の協力が不可欠であり、国民の方々に、口蹄疫などの家畜伝染病の怖さ、地域経済に与える影響などをよく理解していただく必要がある。

従来は、空港での靴底消毒などについて旅行者に目立たないように行ってきたが、方針を転換して、旅行者の目に見える形で行うこととし、消毒場所を明示し、消毒液の量も多くして、旅行者に常に注意喚起するようにした。


こうした国境における検疫と併せて「予防」において重要なのは、畜産農家の農場にウイルスを入れないようにすることである。

これだけ人・物の往来が激しくなれば、ウイルスが国内に侵入することが全くないとは言い切れない。しかし、ウイルスを農場に入れなければ疾病が発生することはない。

これまでの国内の畜産農家のバイオセキュリティーのレベルは様々であり、「予防」のためには、これを高位平準化していくことが必要不可欠である。

このため、畜産農家が遵守すべき飼養衛生管理基準をレベルアップするとともに、都道府県の家畜保健衛生所（保健所の家畜版。獣医が中心となっている組織）が、指導・助言から勧告・命令へと、段階的に強い措置を講じることができるように法改正することで、この飼養衛生管理基準を全畜産農家に確実に定着させることを狙った。

なお、飼養衛生管理基準の中に、殺処分することになった場合の埋却地の確保について規定すべきことが、法律で定められた。これは「予防」というより「的確な初動」のための措置である

（鶏と異なり牛・豚の殺処分については、相当な面積の埋却地が必要であり、これが確保できないと、殺処分・埋却という防疫措置が滞り、感染が拡大する）。

畜産農家が遵守すべき飼養衛生管理基準の具体的レベルアップは、法改正後、農林水産省令を改正して行ったが、関係職員や専門家と議論を重ねて、

①家畜防疫に関する最新情報の把握
②家畜飼養区域（バイオセキュリティー・ゾーン）の設定
③家畜飼養区域（バイオセキュリティー・ゾーン）への病原体の持ち込み防止
④野生生物からの病原体の感染防止
⑤家畜飼養区域（バイオセキュリティー・ゾーン）の衛生状態の確保
⑥家畜の健康観察と異状がある場合の対処（早期通報等）
⑦感染し殺処分した家畜の埋却地の確保
⑧感染ルートの早期特定のための人の出入りの記録・保存

といった項目について、体系的で分かりやすいルールを定めた。

早期通報

「予防」に次いで重要なのは、疾病が発生した場合の「早期通報」である。

予防によって疾病が発生しないのがベストであることはいうまでもないが、目に見えないウイルス等による疾病を100パーセント防ぐことは不可能である。いざ発生した場合には、この通報の早さが勝負を決すると言っても過言でない。

宮崎県のケースでは、1例目が口蹄疫と確認された時点で、既に10以上の農場にウイルスが侵入していたと分析されており、通報は遅かったといわざるを得ない。結局、関係者が気がつかないうちに、ウイルスが農場から農場へと伝播し、牛の農場から、感染しにくいが感染すれば大量のウイルスを放出するといわれる豚の農場にも入り、これにより爆発的な感染拡大をもたらすことになった。

「早期通報」の実現は、非常に難しい問題である。

宮崎の事例の検証でも、畜産農家等の口蹄疫に関する知識レベルの問題に加えて、口蹄疫の疑いがあるとして通報した場合の、自分自身あるいは周囲の畜産農家へのダメージの問題などが指摘された。

通報して口蹄疫と分かった場合に、自分の経営はどうなるか、周囲の畜産農家に移動制限等の迷惑がかかるのではないかと考え、口蹄疫でないかもしれないから暫く様子を見ようかと逡巡してしまうということである。

こうした通報への逡巡を打破するにはどうしたらよいかを、よく考える必要がある。

まずは、通報のルールを明確に作ることである。従来の家畜伝染病予防法でも、口蹄疫だと分かったうえで届出を怠れば、刑罰を科せられることになっていたが、口蹄疫と分からなければ問題にはならなかった。

そこで、一定の症状を決めておき、その症状が見られれば必ず通報しなければならないという制度を導入した。これを畜産農家に徹底することで、口蹄疫の知識の普及にもなる。

また、殺処分の際に畜産農家に交付される手当金は、従来、家畜の評価額の5分の4とされていたが、これでは、当該農家の経営にマイナスが生じることは避けられず、通報が遅れる大きな要因となっていた。

このため、法改正により、評価額の5分の5に引き上げることとし、その代わりに、早期通報などの的確な防疫対応を行わなかった場合には、全部または一部を交付しない、あるいは返還請求ができる制度とした。

早期通報すれば、十分な手当金を受け取ることができるが、そうしなければ、手当金は受け取れないかもしれないということである。これによって、畜産農家自身の問題として、早期通報を逡巡することのないようにした。

手当金を5分の4から5分の5に引き上げることについては、私の部下や業界誌の記者も実現できないと思っている人が多く、実際に、財政当局とは激しい折衝になったが、この点は家畜防疫対策の最大のポイントであると考えたので、こだわりぬいた。

確かに5分の4から5分の5に引き上げるという点だけを見れば、財政負担が増加するように見えるが、これによって早期通報が実現できれば、感染拡大は防止でき、トータルの財政負担は減少することになるはずである。初動で予算をカットすれば、かえって高くつくことになる。

こうしたことを繰り返し説明し、政治レベルの調整もあって、最終的に合意にこぎつけた。

通報したときの周囲の畜産農家への影響の緩和も、早期通報を確保するうえで大きなポイントである。

口蹄疫が発生すると、当該農場から一定の半径の範囲内の畜産農家には家畜の移動制限等がかかることになるが、こうした制限に際しての損失の補塡を充実させるという手当も、法改正の中で行っている。

的確な初動

「予防」「早期通報」の次は、「的確な初動」である。

宮崎の口蹄疫のケースでは、この初動が円滑に進まなかったが、その一つの要因は、国と県との連携の問題である。

家畜防疫だけのことではないが、現実の行政で国だけですべてを行える業務は少なく、災害対策、人間の感染症対策など、多くの問題は、国と地方自治体の連携なしには動かない。この連携がうまくいかないと、トラブルが生じ、それをマスコミが報じることで、より一層混乱していくことになる。

家畜伝染病の初発事例が起きたときに、まず考えるべきことは、その都道府県といかに円滑に連携するかということである。それにはあらかじめ、国と都道府県との業務分担を明確にし、定期的な防疫演習などによって両者ともにこれに習熟しておく必要がある。

国と都道府県との業務分担に関し、当時、重大な感染症については、当該県を超えて蔓延するおそれもあるのだから、すべてを国が直接実施すべきという意見もあった。しかし、国が全国の隅々にまで組織を張り巡らせるわけにはいかず、現に、家畜防疫を担う家畜保健衛生所が法律に基づいて各都道府県の組織として設置されている以上、基本的な実務は都道府県に担っていただく以外にはない。

都道府県の家畜保健衛生所は、日常的に、当該地域の畜産農家と接触し、防疫指導を行っており、地域の状況にも習熟している。場合によっては、同時期に複数の県で発生することも考えられるが（高病原性鳥インフルエンザではこうした実例もある）、こうしたときに、国が直接殺処分・埋却等の実務を行おうとすれば、終息に時間がかかるだけである。

したがって、殺処分・埋却、移動制限区域の設定、移動制限区域内の畜産農家の感染確認などの具体的防疫措置の実務は、都道府県中心にやっていくしかない。

しかしながら、すべてを都道府県任せにするのも問題がある。当該県からすれば、家畜伝染病の発生は数十年ぶりということもあり得る。

発生したときにどのような防疫措置を採るかは、国があらかじめ防疫方針として都道府県に明確に示しておかなければならない。具体的な殺処分や埋却のマニュアルも示す必要がある。

また、発生が確認された段階で、国から、防疫方針や具体的防疫措置に習熟した専門家を当該県に派遣して、サポートすることも必要である。実際には必要な資材も準備した緊急支援チームとして派遣することになる。

もう一つ大切なことは、あらかじめ決めてある防疫方針だけでは感染拡大が防げないときにどうするかである。

宮崎のケースでは、通報が遅かったこともあり、発生頭数が急速に増大した結果として、殺処分・埋却が追いつかなくなり、待機家畜の数が急増した。

これを放置すれば、さらなる感染拡大を招くおそれがあることから、周囲の健康な家畜にワクチンを接種してそれ以上の感染拡大を防止し、そのうえで、ワクチンを接種した家畜を殺処分するという措置をとった。

これについては、こうした予防的殺処分の法律上の根拠がなかったこともあって、この判断が遅かったという指摘もなされた。

状況を踏まえた防疫方針の改定については、国際的な動向、最新の科学的知見に詳しく、他県での経験の蓄積もある国が、責任を持って判断しなければならない。

そのためには、現場における感染の状況を迅速・正確に把握していることが必須であり、発生後直ちに、農林水産省の家畜防疫の専門家を現地に派遣し、感染状況の認識を本省と共有するという措置を導入した。

また、予防的殺処分についても、法改正で家畜伝染病予防法に明確に規定した。

国と都道府県の役割分担を明確にしても、実際に初発事例が起きれば、いろいろな問題が生じることになる。中には、病性判定ができないうちに公表しようとする県も出てくる。県庁のトップが直接選挙で選ばれた知事であるということも考慮しなければならない。全国ルールに強引に合わせようとすると、トラブルになることもある。

こうした場合は、防疫上マイナスにならないことであれば、県の意向に国が合わせることも必要になる。例えば、県が、病性判定の結果が出る前に、検査を行っていること自体を公表したいのであれば、国も同時に発表するなどの対応をすることになる。

ただし、防疫上やってはいけないことは、断固として拒否しなければならない。宮崎のケースでは、種牛などについて防疫措置の例外扱いをしたが、こうした例外を認めていけば、蔓延は防止できなくなる。

いずれにしても、初動段階で、国と都道府県との意思疎通をよくすることは非常に重要であり、宮崎の口蹄疫の後は、家畜伝染病が発生するたびに、直ちに当該県に農林水産副大臣または政務官が出向き、知事との連携を確認することを心がけた。

防疫方針を常に最新・最善のものにしておくことも、国の重要な役割である。国際機関や諸外国の動向、最新の研究成果を把握して、常に、より良い防疫指針を考えていかなければならない。法改正により、国は、防疫指針について、最新の科学的知見や国際的動向を踏まえて、少なくとも3年ごとに再検討することが明記された。

鳥インフルエンザへの適用

家畜伝染病予防法の改正案は、2011年の通常国会に提出されたが、法案の成立前の2010年11月から翌年3月にかけて、高病原性鳥インフルエンザが全国で合計24事例発生した。私は、新しい家畜防疫システムの考え方を全面的に適用して、これに対処することとした。

通報を早くするために、通報すべき症状・状況を明確にして畜産農家に周知徹底する、感染していると判明した場合には、深夜であっても農林水産大臣をヘッドとする省内の対策本部を開催して初動方針を決定し直ちに行動に移す、副大臣か政務官を直ちに当該県に派遣する、といった措置は、法案が成立していなくても事実上できることであり、直ちに実施した。

これにより、24事例が発生したものの、それぞれ単発の発生にとどまり、感染が地域内で横に広がっていく事態は回避できた。

また、当時野党であった自由民主党は、改正法案を高病原性鳥インフルエンザに適用すべきとの考えで、法案の成立に積極的に協力していただいた。

通常国会における農林水産省の提出法案の中で、家畜伝染病予防法は、一番最後に提出されたが、野党の協力で、最初に成立する法案となった。

さらに、法案の附則で、殺処分の場合の手当金を評価額の全額に引き上げる部分は、改正法の施行以前のものにも遡及適用できることとされたため、高病原性鳥インフルエンザから適用され、このことも早期通報の確立に貢献した。

この年に発生した24事例のうち20事例については、評価額全額の手当金が支払われたが、4事例については、当該畜産農家の飼養衛生管理の状況、早期通報の実施状況、蔓延防止への協力の状況が適切でなかったため、法律の規定を厳正に適用し、うち2事例については手当金を減額し、残りの2事例については手当金を交付しないという決定を行った。

こういう措置をとることが、畜産農家の飼養衛生管理のレベルアップや早期通報の意識を高め、家畜伝染病の発生・蔓延防止につながると思う。

法律制度は作るだけでは不十分で、行政は、常にそれに魂を入れて運用していくことが必要である。

特に、家畜伝染病のように、1県でも1農場でも発生すれば大問題となるものについては、国が都道府県と連携しながら、水も漏らさぬ防疫体制を常に構築していなければならない。行政の責任は重い。

3　食品安全政策

次に、原発事故に伴う食品安全の確保という、日本で前例のない課題にどう対処したか、を整理しておきたい。

2011年3月11日に、東日本大震災が発生し、東京電力福島第一原子力発電所の事故が起きたが、この時、私は消費・安全局の局長を務めていた。

原発事故は、放射性物質の大気・海洋への放出を通して、食品の安全に直結する問題となる。事故後数日は事態の速やかな収束を期待して見守るしかなかったが、数日経過すると、政治の世界から、福島の野菜の安全宣言を出すべきであるといった意見が出てきた。

しかし、これこそが、食品安全にとって最も問題のある考え方である。何の科学的根拠もなく、生産者や産地のことをおもんばかって安全であると言い張ることは、結局、消費者をないがしろにし、ひいては生産者や産地を窮地に追いやることになるのである。

BSEの反省から生まれた食品安全政策

そもそも2003年7月に消費・安全局が新設された契機は、2001年9月の国内におけるBSEの発生である。欧州でBSEが猛威をふるった際に、日本の農林水産省は、日本にこれが侵入するはずはないと高を括り、有効な対策を打たず、その結果、国内でBSEが発生した。

BSEは人の変異型クロイツフェルトヤコブ病の原因ともなり得ると考えられており、農林水産省は消費者のことや食品安全のことを全く考えていないとして、国民から強く批判された。農業振興や農業者に補助金を配ることには熱心でも、食品安全や人畜共通感染症の蔓延防止には熱意が足りないとされたのである。

この問題が政治レベルでも大きく取り上げられた結果、欧米型のリスク分析手法に基づいた科学的な食品安全行政に転換を図ることとされ、食品安全基本法が制定された。

これを踏まえて、内閣府にリスク評価機関として食品安全委員会が設置され、農林水産省では食糧庁の廃止を財源に、リスク管理機関としての消費・安全局が新設された（厚生労働省もリスク管理機関である）。

要するに、農林水産省の職員は、生産者偏重ではなく、消費者のことを真剣に考えて仕事をするように、意識転換を求められたのである。

私は、2003年の消費・安全局発足時に、同局の初代の総務課長を経験しており、この経緯は熟知していた。

こうした消費・安全局の設置の経緯を踏まえれば、根拠のない安全宣言などできるはずはない。

食品安全の専門家を中心とした対策

しかしながら、国内の原発事故に伴う食品安全の確保という問題は、我が国で初めてのケースであり、どう対処するかは極めて難しい問題であった。

幸いなことに、当時、消費・安全局には、審議官として、食品安全の専門家がいた。FAO（国連食糧農業機関）／WHO（世界保健機構）のコーデックス委員会事務局に長く勤務した後、農林水産省に移り、消費・安全局立上げの頃から、食品安全行政の在り方を国際的・科学的見地から指導してきた人物である。

この人がいなければ、この問題の処理は迷走に迷走を重ねていたのではないかと、今でも考えている。科学的・専門的分野については、行政の中に本当のプロがいることが、大変重要である。前代未聞の事態に対処するには、食品安全のプロである審議官の考えを全面的にサポートして、政府全体で実行する以外にない。局長である私は、そう考えて、大臣と相談しながら、政府全体の調整に奔走することになった。

審議官のリードで実施した対策は、次のとおりである。

やるべきことは、食品の放射性物質に関する規制基準を作り、食品の分析検査を進め、規制値を超えた食品を流通システムから確実に排除し、消費者に渡らないようにすることである。

規制値の決定

規制基準は、食品衛生法に基づいて決定することができるが、これは厚生労働省の権限である。これを決めてもらわない限り、解決への道筋はつかない。農林水産大臣に全面的にバックアップしていただき、厚生労働省と協議し、官邸を巻き込んだ精力的な議論を経て、3月17日にやっと暫定規制値の決定に持ち込むことができた。

農産物の分析検査

規制値が決まれば、次にやるべきことは、原発周辺地域の農産物を分析検査することである。食品中の放射性物質を測定できる装置の数には限りがあり、優先順位をつけて効率的にやる必要がある。

品目としては、ホウレンソウ等を中心に調査することとした。

規制値は重量当たりの含有量で決められており、重量の軽いもので、かつ上から降下してくる放射性物質を受け止めやすい形態のものが、数値が高くなりがちである。

こう考えると、ホウレンソウのような非結球型葉菜類が数値が高くなりやすく、ホウレンソウ等を調査して規制値をクリアできていれば、他の野菜もクリアできている可能性が高いことになる。

このため、まず、ホウレンソウ等を優先的に調査してもらうよう、関係県にお願いをした。また、要請のあった県からは、サンプルを送ってもらい、農林水産省の予算で分析機関に分析を依頼し、円滑に調査が進むよう配慮した。この場合も、分析結果は、調査主体である県に必ずお返しし、県が公表することを徹底した。

仮に、分析結果を国が先に発表すれば、県が準備できていない場合、混乱が生じ、県の立場がなくなることになりかねない。そうなれば、次から、県は国に依頼することをいやがるようになり、結局のところ調査は円滑に進まなくなる可能性が高い。

このケースだけではないが、行政を進めるうえで、都道府県との円滑な関係というのは必須であり、そうでないと種々のトラブルが生じて、結局、仕事はうまくいかないことになる。

規制値を超えた農産物の取扱い

こうして調査が進み、その結果が公表されるようになると、次は、規制値を超えた農産物の取扱いが問題となる。

これまでの厚生労働省による食品衛生法の運用は、規制値を超えた場合に当該調査対象となったロットのみを販売停止にするのが基本であるが、放射性物質の場合には、その地域全体に降下していると考えられるので、当該ロットのみを販売停止にするだけでは食品の安全は確保できない。

したがって、一定の地域内の同一の農産物について出荷制限をかけることが必要になる。

原子力災害対策特別措置法では、必要な場合に原子力災害対策本部長である内閣総理大臣から関係行政機関に対して各種の制限等が出せることになっており、これを活用することになった。

これについても、食品衛生法の延長線上に位置するものであり、厚生労働省の所管であるが、農林水産大臣のリードで、官邸で多くの関係省庁と協議が行われ、3月21日に、出荷制限をかけることを原子力災害対策本部で決定し、公表した。これで、連休明けの3月22日の市場再開に間に合わせることができ、市場の混乱を回避できた。

出荷制限をかけるに当たって、大きな論点となったのは、制限対象となった農業者に対する補償の問題である。

この時点で補償の話を出すことについて、財政当局を中心として政府内に強い抵抗感があり、出荷制限そのものが頓挫しかねない情勢になったりもした。

しかし、この出荷制限に伴う補償は、農業者のことを念頭に置いているのではなく、消費者のことを念頭に置いたものである。農業者が補償がないことを理由に出荷制限を遵守しなければ、結局、規制値を超えた農産物が流通することになり、消費者が被害を受けることになるのである。このため、出荷制限を行うには、補償をセットにすることは必須であり、最終的には、出荷制限と補償はセットで実現した。

米の作付制限

こうして出荷制限が軌道に乗り始めると、次に問題となるのは、原発周辺での農作物の作付け、特に米の作付けである。周辺の県から、米を作付けしてもよいか早急に方針を示してほしい、との要請があった。

このため、原発周辺の県について、水田土壌の調査分析を開始するとともに、水田土壌からそこで生産される玄米への放射性セシウムの移行の指標を作る作業を進めた。

食品衛生法に基づいて、規制値を決め、食品をチェックし、販売規制をかけるのは、厚生労働省の権限であるが、食品の生産・流通・加工のプロセスを改善し、食品衛生法の規制値を超えることのないように指導するのは、農林水産省の重要な業務である。

したがって、この水田土壌の調査も、水田から玄米への放射性セシウムの移行の指標の作成も、農林水産省がやるべき業務である。


まず、移行の指標については、戦後中国が核実験を行ってきたこと、米は主食であることから、水田土壌と玄米の放射性セシウム濃度の関係について、農林水産省の研究機関にかなりのデータの蓄積があったため、これを統計学的に解析することにより、０・１という数値を設定することができた。

この時点での米の食品衛生法上の規制値はキログラム当たり５００ベクレルであり、０・１という指標を前提とすれば、水田土壌中の放射性セシウム濃度がキログラム当たり５０００ベクレル以下であるかどうかで、米を作付けるかどうかを判定することになる。

4月8日に、この移行の指標とともに、米の作付制限の考え方について、原子力災害対策本部で決定し、公表した。

その際、具体的な作付制限地域は、水田土壌の調査結果を踏まえて、後日、具体的に指示することとし、作付制限をかける際には適切な補償を行うことも盛り込んだ。

また、作付制限がかからない地域についても、水田土壌の調査結果から見て、収穫する米が相当の放射性物質を含有する可能性がある場合には、収穫時に玄米の調査分析を行い、規制値を超える米が流通することのないように措置することも、併せて公表している。

水田土壌の調査分析の結果、福島県以外では5000ベクレルを超えるところはなく、福島県の中でも、超える地点は警戒区域・計画的避難区域・緊急時避難準備区域の中に含まれることになったため、地域指定はこれらの区域について行われた。

消費・安全局が発足して8年が経過する中で、審議官の指導の下に、高い科学的専門能力を有する若手職員が育ちつつあったことが、こうした原発問題への対処を進めるうえで、大きな力となった。

原発事故の直後は、放射性物質による食品安全の問題は、我が国では未経験の分野であったため、先に述べたように、食品安全のプロである審議官の指導の下で、限られたデータや機材を使いながら進めざるを得なかった。

しかし、時間とともにデータは蓄積されるわけで、そのデータを踏まえて、より的確な方法で、安全確保を図っていくのは当然のことである。実際に、次の年産の米の作付けについては、前年産の米自体の調査結果に即した規制が行われることになった。

食品安全政策の本質

なお、放射性物質の問題は、食品安全の問題のごく一部に過ぎない。微生物、重金属、化学物質など、食品安全上注意しなければならないものはいろいろあり、消費・安全局は2003年の発足後、こうしたハザード物質の特性の整理、我が国の生産・流通・加工・消費の実態を前提としたそのリスクの大きさの評価、リスクの高いものについてリスクを低減するための具体的な方法の確立、その方法の生産・流通・加工の現場への普及・浸透などを行ってきている。

こうした科学的知見に裏付けられた作業を地道に継続していくことが重要で、この積重ねが、食品安全の向上につながる。事件が起こってから対策を講じるよりも、事件が起きないようにすることの方がはるかに大切である。

これがリスク管理であり、リスク管理が功を奏したときは目立つことはない。こういう分野については、人事評価も処遇もこうした分野の特性に応じたものにしなければならない。

食品安全のプロの養成

食品安全行政にとって重要なのは、高い科学的専門能力を有するプロの職員を育成し、その層を厚くしていくことである。

農林水産省は、これまで、多数の技術系職員を採用しながら、その専門能力を向上させ、それを最大限に発揮させるのではなく、事務系職員と同様に、国会議員との調整を行ったり、財務省と調整して予算を獲得して配分するといった仕事に従事させ、それがうまくできる人材を幹部に登用してきた。

これでは科学的な業務がレベルアップすることはない。農業も科学技術に基盤を置いており、科学技術の発達を活かしていかなければならないが、この面で日本は後れをとっている。

食品安全のプロを育てるには、大学及び大学院で、食品化学、微生物といった分野を深く修得した者を採用し、入省後も最先端の研究成果や国際的な動向をフォローさせ、実践の中で能力を高めていかなければならない。

また、科学的な内容を、文科系の人間にも分かりやすく説明する能力も必要である。重要な仕事であれば、組織全体として取り組む必要があるし、政治との調整が必要になることもある。専門外の人にも理解してもらわなければ、仕事は進まない。逆に、文科系の職員も、科学的な内容をある程度理解できる基礎的な素養は必須である。

食品安全の分野では、国際ルールとの関係も十分考える必要がある。

例えば、有害物質の残留基準についても、国によって食生活は異なっており、日本人の食生活の観点から見て安定供給と安全性の確保の両面を考えて交渉しなければならない。

この意味で、国際会議をリードできるだけの科学的見識と英語力を持った人材が不可欠である。

地道な仕事をレベルを高めながら継続していくことが、食品安全関係の仕事の要諦である。

4　戦後農政に関する考察

第2章からここまで、私が関与してきたことを中心に農業政策の展開を説明してきたが、ここで、私なりの戦後農政についての考え方を整理しておきたい。

戦後農政の枠組み

私は、戦後の農業政策の枠組みは、食糧管理法、農協法及び農地法の3つの法律によって形成されたと考えている。これらの法律の概略は次のとおりである。

食糧管理法は、戦争中の1942年に制定された法律で、不足する米を公平に分配するため、米を政府が全量管理することとし、政府が米を農業者から農協ルートで買い上げ、特定の卸売業者・小売業者を通して消費者に供給するというものである。当初は配給制度をとっていたが、これは戦後まもなく廃止された。

農協法は、産業組合の流れを踏まえつつ1947年に制定された法律で、農業者の自主的な協同組織に法人格を与える法律である。農地解放による均質・零細な多数の農業者の自主的な協同組合としてスタートしたが、1954年に国に代わって農協経営を指導する強制力のある中央会制度が追加された。

農地法は、戦後の農地解放の成果を維持することに主眼を置いて、農地の権利移動等を規制するために、1952年に制定された法律で、2009年の農地法改正までは、法律の目的として、農地は耕作者自らが所有することを原則とする自作農主義を掲げていた。

こうした枠組みは、農産物需給が不足基調の間はそれなりに機能したが、米を含めた農産物が過剰基調に転じると、問題が生じ始める。

食糧管理法の破綻とその延命

特に、問題になったのは食糧管理法である。

農地解放により自作農となることで生産意欲が高まり、政府が高価格で米を全量買い入れることで、米の生産量は急速に増大し、一方で、高度経済成長に伴う食生活の欧米化で、米の消費量は急速に減少した。

この結果、昭和40年代半ば（1970年頃）には、政府全量管理の下で大幅な政府過剰在庫が発生することになり、政府は2度にわたって過剰在庫を飼料など非食料用に処理し、合計3兆円という巨額の国費を投入した。

過剰在庫が発生した時点で、食糧管理法の意義は完全に喪失していたが、農協組織、特に農協中央会は、毎年、食糧管理制度の維持と米価の引上げを要求して、政治も巻き込んだ激しい運動を展開した。

政治サイドも選挙を強く意識して農協に同調したため、政府は、過剰供給でありながら、米価を引下げることすら容易でなく、法制度の見直しには至らなかった。

政府は、法制度の見直しが政治的に難しいことから、運用上の緊急措置として、1971年から行政が主導する生産調整（国が、都道府県等を通して、米を作付けしない面積等を配分する方式。配分する指標は変遷し、最後は生産目標数量）を開始した（政府全量管理の例外として自主流通米という仕組みも作ったが、ここでは説明を省略する）。なお、当時の農協組織は、生産調整の導入に反対していた。

生産調整がある程度機能し、緊急措置だった生産調整が微調整をしながらも継続したことで、食糧管理法は20年以上延命し、1993年12月のGATTウルグアイ・ラウンドの決着（ミニマム・アクセス数量の米の輸入義務を負うこととなった）と同年の米の大凶作（作況指数は75で、平年の4分の3しか生産できず、大量の米を中国・タイなどから輸入した）を踏まえて、ようやく食糧管理法が廃止され、食糧法が制定された。

食糧法は、政府全量管理を廃止し、政府の役割を「大凶作などに対処するための備蓄運営」（備蓄運営の範囲で、政府は米の買入・売渡を行うことになる）に限定したが、食糧法制定後も、農協組織・政治サイドともに、長年にわたって染みついた旧食糧管理法の発想から抜けられず、生産調整は継続され、米の価格安定を政府に求め続けるという状況が続いた。

私自身、食糧法の下で、米の担当課長を3年、担当部長を2年経験しており、米の入札制度における値幅制限の撤廃、主食用以外の米の需要の開拓などに取り組んだが、農業団体・政治との日々の調整に忙殺され、関係者の意識を食糧管理法時代のものから転換させることはできなかった。

政権に復帰した自民党の下で、2013年11月に、やっと、戸別所得補償制度の廃止とセットで、行政による生産目標数量の配分を2018年から廃止することが決定され、5年間の準備期間を経て、予定どおり2018年から実行された。

米の需給が過剰基調に変わってから、およそ半世紀もかかったことになるが、いまだに関係者の意識は十分に変わっていない面もある。

食糧管理法が惹起した問題

食糧管理法の基本的考え方は、

- 国が中心となって農産物の需給・価格の安定を図る。
- 国内需要に合わせて生産することが重要である。
- 農協を行政の手足、特に農産物の集荷ルートとして位置付ける。

というものであり、この考え方は、濃淡はあるものの、他の農産物に関する制度にも適用された。

この結果、

- 市場経済による民間中心の生産・流通の発展を阻害する。
- 輸出を含めて、新たな需要を開拓するという発想を失わせる。
- 農協は集出荷イコール販売と勘違いし、実需者・消費者のニーズに応えた販売は進まなくなる。

という根深い問題を生じることとなり、農業政策全般に大きな影響を与えることになった。

農協法と農地法の影響

したがって、農産物販売に力が入らないという農協の行動様式は、食糧管理法が形作ったという側面もあると思われるが、更に、1954年の農協法改正で導入された農協中央会の制度は、これに拍車をかけた。

ドッジラインの後の厳しい経済環境下で、農協が貯金の払戻しもできなくなったため、国に代わって、農協の経営指導を行うために作ったのが農協中央会である。

食糧管理法が長く続く中で、農協中央会は、その強力な権限で、全国の農協組織を統制して米価闘争を行い、政治と接近することで、経済情勢に合わない政策を強引に実現しようとするようになる。

この結果、農協自身の経済活動で解決すべき問題も、政治の世界で解決することを志向するようになり、それぞれの農協がそれぞれの状況に応じて経済活動を自立して展開するという方向に向かわなかった。


法人形態の農業者や専業的な家族経営の農業者の中には、米が過剰になってからも農協が米価闘争を続けることに疑問を持ち、農協と距離を置き始め、自分自身の経営を苦労して発展させてきたという人が多い。

農地法が、農地解放の成果を維持することに主眼を置いて、農地の権利移動を厳しく統制していたことは、経営規模の拡大にとっては足かせであり、こうした経営感覚のある農業者が増加するペースを遅らせた。

この結果、零細な多数の兼業農家が温存され、これが農協の組合員の大宗であり続けたが、兼業農家は、農産物の価格にも生産資材の価格にも、専業的農業者のような切実な関心はないので、農協は、経済環境が変わっても、従来のビジネスモデルを漫然と続けていくことになった。

導き出される教訓

こうした経緯を踏まえれば、政策を進めるうえで重要なことは、第一に、経済社会の実態に合わなくなった制度は、できるだけ早く改めなければならないということである。

今にして思えば、昭和40年代半ば（１９７０年頃）に米の需給が緩和し過剰基調に転換したときに、速やかに、食糧管理法は廃止すべきであった。

また、農協中央会の制度も、農協経営が改善し、貯金の払戻しに支障がなくなった段階で、廃止すべきであった。

農地法も、高度経済成長期に農村部から都市部に働き盛りの世代が流出したときに、抜本的に見直し、農地利用の集積・集約化を図る方向で見直すべきであった。この点については、１９６５年及び66年に農林水産省は農地管理事業団法案を国会に提出したが、野党の反対で２回とも廃案になった経緯があり、農林水産省も無策であったわけではない。

第二に重要なことは、経済活動に国が直接関与する制度や、民間に国に代わる強力な権限を付与する手法については、導入そのものに慎重でなければならないということ、そして、仮に導入せざるを得ない場合には、確実な時限措置にするなど、早急に脱却できるようにしておかなければならないということである。

米を国が全量管理するという方法は、市場経済とは正反対の施策であり、戦時下でなければ導入するようなものではなく、まして、長年にわたって続けるようなものではない。

農協中央会の制度も、中央会に、国に代わって農協を指導する強力な権限を与え、農協の経営主体としての意識を希薄にさせるものであり、農協が貯金業務をやっていなければ考える必要もなく、貯金業務が正常化した後も続けるようなものではない。

第三に重要なことは、農業・農産物を特別扱いしないということである。

食糧管理法の政府全量管理という仕組みは、米が特別重要なものという前提に立っており、この前提が、食糧管理法が廃止された後も、関係者の意識に染みついているように思われる。

食料が国民生活に不可欠であることも、米が日本人の主食であることにも、全く異論はないが、国民生活に必要な産業・商品・サービスはほかにもいろいろある。災害が発生したときの支援体制を見れば、食料はその一部にとどまる。

どのような産業にも商品にも特徴はあり、その特徴を踏まえた政策や仕組みというものはあり得るが、この産業この商品は特別だからといって、市場経済と大きく乖離する政策をとることは適当ではない。

市場経済を前提としながら、その問題点を補完するような仕組みを考えていくしかない。

国や都道府県の能力には限界があり、何でもできるわけではない。財政状況を見ただけでも、今後、公的セクターの役割は小さくなっていかざるを得ない。

民間の経済的な活力を最大限に活かして、公的セクターと民間が連携・協調しながら進めていく以外にはない。


特別扱いすることは、結局、特別扱いされたものにとってもプラスにはならない。

特別扱いされてきた米の農業が発展したかといえば、逆である。

市場を歪める政策の結果として、国内需要は減少し、コストも下がらず、輸出にも活路を見いだせないまま、トータルの生産額も大きく落ち込んできている。かつて3兆円を超えていた米の生産額は、2016年には1・7兆円で、畜産の3・2兆円、野菜の2・6兆円よりも小さくなっている。

しかも、いまだに、都道府県と農協組織が連携して、需要は減少しているが単価が一番高い家庭用の米の品種開発とPRに血道を上げており、その結果として、需要が拡大しつつある業務用に国産米が円滑に供給されないという事態も発生している。

都道府県別の農業生産額の推移を見れば、米を主力にしている県の多くは生産額を減少させており、野菜や畜産を主力とする県は生産額を伸ばしている。米に固執すれば、その都道府県の農業は衰退しかねない。

農業が発展するために必要なことは、農業者や農協といった経済主体が、それぞれの創意工夫で、有利な販売先（国内・国外）を安定的に確保し、販売先のニーズに応じて生産・販売することである。そして、農地利用を集積・集約化して、また先端技術を導入するなどにより、コストを下げて競争力をつけていくことである。

農業政策は、これを実現するための環境を整えるものでなければならない。

農政改革が進んだ背景

このように、食糧管理法、農協法、農地法が相互に絡み合って形成された戦後の農業政策の枠組みや関係者の意識は、食糧管理法の廃止後も、大きな変化を見せず、1999年の食料・農業・農村基本法（1961年の農業基本法に代わる新しい基本法）の制定をもってしても、あまり変わらなかったが、安倍内閣の下で、ようやく見直しが進み始めた。

農地バンクによる農地利用の集積・集約化、農協改革による農業者の所得向上のための経済事業の活性化、農業競争力強化プログラムによる農産物流通の改革と生産資材業界の再編など、今後の具体的な方向性は明確になってきた。

このような政策の見直しが進んだのは、政権基盤が安定したうえで、官邸が、農業政策を時代に合ったものに改革するという強固な方針を示したことが大きい。

こうした状況であれば、シンクタンクとしての行政機構はその能力を発揮することができ、政治家と行政官が役割分担をしながら、経済社会の発展に資する制度を作っていくことができる。

もう一つ、政策の見直しが進んだ背景として、私は、法人経営を含めた専業的な農業者が量的にも質的にも存在感を増し、それぞれの地域の中で発言力を高めてきたことがあると考えている。こういう人たちが、企業とも連携して、最先端の科学技術も導入して、経営を発展させて、地域農業全体を牽引していかない限り、農業は発展しない。逆に、それができれば、輸出も含めて農業の発展の可能性は極めて大きい。

見識ある政治家は、こう考えているからこそ、改革をめぐる難しい調整も、最後には決着を見たのだと思う。

農業のこれから

しかしながら、主要な法制度の見直しにより具体的改革が動き始めたとはいえ、関係者の意識が十分変わったといえる状況ではない。

どんな制度も、制度ができたら直ちに世の中が変わるわけではない。関係者が、制度の考え方を理解し実践して、初めて世の中は変化する。

各地で、専業的農業者が制度を本格的に活用し、農協等の関係者もそれに協力していくことが重要であるし、行政も、常に現場の状況を把握し、制度の定着・改善に向けて工夫していく必要がある。

私は、農業は現在大きな発展のチャンスを迎えていると考えている。

農業者の高齢化で、農業経営の規模拡大や新規参入は容易になってきている。

国内の人口は減少しつつあるが、世界の人口は2050年に向けて3割以上増大すると見込まれ、途上国の経済発展も続いており、輸出に本気で取り組んでいけば、高品質の日本の農産物・食品の市場は非常に大きいと考えられる。

科学技術は、農業に追いついてきて、IT、AI、ドローンなど、農業で活用でき、また農業でこそそのメリットが十分に活かせるようなものが次々に登場してきている。

そして、経済界は農業に熱い視線を送り、農業界と連携したいと考えている。

こうしたチャンスを活かしていけば、国際競争力のある日本農業を作り上げることは十分可能であると確信している。

第5章

林業・水産業改革

２０１６年11月に「農業競争力強化プログラム」が政府与党で決定され、２０１３年の農地バンク法から始まった一連の農政改革で、農業政策の主要な部分について、改革の道筋が明確になってきた。

この時点で私が考えたことは、農林水産省の所管する農業以外の分野、即ち、林業・水産業についても、改革の道筋をつけるということであった。

農林水産省の事務次官である以上、農業政策の改革だけでは職責を果たしたことにならない。

1　林業改革（森林バンク法）

まず、林業については、日本の国土の約7割が森林であるにもかかわらず、生産額はわずか２３７０億円（２０１６年）に過ぎず（農業の総産出額は２０１６年で9兆２０２５億円）、しかも先進国である欧米諸国からの輸入木材との競争力もないという状況にあり、これを、森林資源を適切に管理しながら、林業を成長産業にするにはどうしたらよいかということである。

このため、２０１７年1月から林野庁幹部と本格的な勉強を始めた。

森林・林業が抱える課題

我が国の森林資源は、戦中・戦後の大量伐採により荒廃したが、戦後植林された人工林がここにきてようやく本格的な伐採期（植林から50年程度以上）を迎え、適切に伐採して伐採後に再造林をすれば、資源を維持しながら、資源を有効に活用できる状況になってきている。

しかしながら、

- 森林所有者は、10ヘクタール未満が9割と、小規模・零細なものが大宗を占めている。
- 林道・森林作業道などの路網の整備が遅れており、伐採・搬出ができない、あるいは、コストが高い。
- このため、森林所有者の経営意欲が低下している。
- 他方で、意欲と能力のある林業経営者の多くは、事業規模拡大のための事業地確保に悩んでおり、森林所有者と林業経営者の連携ができていない。

という状況にある。

この問題は、農地の問題と極めて類似性が高く、林業を成長産業にするためには、小規模・零細な森林所有者の森林管理権能を、意欲と能力のある林業経営者のところに集積・集約化するというのが、基本的な解決の方向となる。

また、２０１６年12月の与党税制改正大綱においては、数年にわたる、地球温暖化防止対策の一環としての森林（ＣＯ２吸収源）の整備財源確保の検討の結果として、「市町村が主体となって実施する森林整備等に必要な財源に充てるため、（中略）森林環境税の創設（仮称）に向けて、（中略）平成30年度税制改正（筆者注：２０１７年12月に決定するもの）において結論を得る」ということが明記されていた。

この森林環境税を確実に実現するためにも、森林・林業について、将来展望を切り拓く新しい仕組みを作る必要があった。

新しい税制を作る以上は、それにより、国民経済的に見て十分な成果が出ることが説明できなければならない。

森林バンク法のスキーム

林野庁幹部と協議して原案を固めたうえで調整に入り、２０１７年12月まで、森林環境税との関係を含めて、政府与党における検討が行われ、最終的に、次のようなスキームが決定された。

森林資源の適切な管理と林業の成長産業化を両立させるため、

- 森林所有者は、適切な森林管理を行う責務があることを法律上明確にする。
- 森林所有者自らが、森林管理を実行できない場合に、市町村等の公的主体に、森林管理を委託する。

- その公的主体が、さらに、意欲と能力のある林業経営者に森林管理を再委託する。
- 林業経営に適さない森林、再委託するまでの間の森林については、公的主体が自ら管理を行う。

森林環境税は、主としてこの経費に充てられる。

2018年の通常国会において、このスキームに基づく、森林バンク法（正式には「森林経営管理法」）が成立している。

基本的には、農地バンク法を森林用にアレンジした形になっており、農地バンク法の農地中間管理機構は、都道府県の第3セクターであるが、森林バンク法では、ここが市町村等になっている。

また、森林については、経営ベースに乗らないが災害防止・水源涵養などの公益的機能を発揮することが期待されているところがかなりあり、これについては市町村等の公的主体が管理する仕組みになっている。

森林バンク法も、農地バンク法と同様、法制度を作っておしまいというわけではない。

2019年4月の法施行後、その実施状況を常にチェックし、問題があれば一つ一つ改善しながら、制度が定着し、軌道に乗るようにしていくことが重要である。

また、路網の整備などについても、この森林バンクの推進状況と連動させていくことが、効果的である。

国有林を含めた全体政策

なお、森林面積の3割を占める国有林は、この法律の対象外であるが、国有林の運営も、森林バンク法に基づく民有林の成長産業化とうまく連携を図っていく必要がある。

私は、林野庁が、自ら経営する国有林を抱え、しかも、長い間国有林の経営難に対処することに注力してきたことが、国有林を偏重する傾向を生み、国有林・民有林トータルとしての森林政策の本格的検討を遅らせてきた側面があると考えている。

森林バンク法の成立を機に、林野庁は、民有林を含めた我が国全体の森林について資源管理と成長産業化を両立させる政策を確立していく必要がある。

なお、林業についても、農業と同様、生産資材コストを引き下げ、流通構造を改革し、新技術を開発・導入し、また経済界と連携することが重要である。

日本の森林の実情に合った高性能で低価格の林業機械の開発やCLT（Cross Laminated Timber 直交集成材）のような新製品の開発は、生産性を向上させ、需要を拡大していくうえで不可欠である。成長スピードの速い樹種の開発・普及も、生産性の向上に大きく寄与する。

また、木材需要の拡大には経済界の協力も重要であり、経済界では既に企業の社屋などの建築物についても木材を利用しようという動きが起きている。一気に需要規模を拡大できれば、CLTなどの生産コストも大きく引き下げることができる。こうした状況を最大限に活用していく必要がある。

2 水産業改革

1 改革の経緯

水産業が抱える問題

水産業改革についても、2017年1月から、水産庁幹部と勉強を始めた。1984年当時、日本は漁獲量世界第1位の漁業大国であったが、この30年間に、世界の漁業生産が2倍になる一方で、日本の漁業生産は2分の1になり、漁獲量は世界第7位になっている。養殖が、世界の漁業生産では5割を占めるが、日本は2割に過ぎない。漁業の種類にもよるが、日本の漁業の生産性は欧米よりも低く、ノルウェーと比べると、1人当たりで見て8分の1、1隻当たりで見て20分の1という状況になっている。
また、クロマグロ、ウナギなど、日本の資源管理の問題が国内・国外から指摘されている。

これらの背景としては、漁業に関する法制度等の問題がある。

欧米では、アウトプット・コントロール（出口管理）といわれる、漁獲数量の規制が中心であるのに対し、日本ではインプット・コントロール（入口管理）といわれる、漁船の隻数・トン数規模の規制が中心であり、これが、資源管理に影響するとともに、漁船の大型化を阻害し、漁業の生産性向上の面にも影響している。

また、養殖については、これまで、漁業権免許の優先順位が法定され漁協が第1順位となっていたこと、漁業権制度の透明性が高くないため、事実上、漁協の了解または漁協への金銭支払いがないと新規参入しにくかったことが、影響している。地域によっては、かつて養殖が行われていた水域が活用されないままになっているところもある。

2段階のスケジュール

こうした現状認識から検討を始めたが、この問題は、漁業法をはじめとする水産政策の根幹にかかわり、また既得権を持っている人たちもいる世界であるため、政府与党での議論を、慎重かつ丁寧に進めていく必要があると考えられた。

このため、まず2017年11月の時点で、「改革の方向性」をまとめ、それを踏まえて更に議論を深めて、2018年6月に「改革の具体的内容」として「法制度の骨格」をまとめるという2段階方式のスケジュールを採ることにした。

2015年の農協改革法の際も2段階方式をとったが、調整が難航すると予想される重いテーマについては、まず考え方の大枠や方向性を議論して共通認識とし、それを前提に細部を詰めていくのが一つの方法であると思う。

この問題については、政府内では規制改革推進会議においても、重要テーマとして取り上げられ、与党・団体との調整と規制改革推進会議との議論が並行して進む形となった。

団体としては、漁協の全国団体である全国漁協連合会（全漁連）との調整が行われたが、漁協は、農協と異なり金融事業をほとんど行っていないこともあって、漁業者の所得の向上を真剣に考えており、考え方が完全に一致するわけではないものの、議論はかみ合い、真剣な意見交換が行われた。

また、全漁連は、この改革を、漁業を発展させる大きなチャンスととらえて、与党での議論を促すという役割も果たした。

2 改革の内容

解決策の基本コンセプトは、水産資源の適切な管理と水産業の成長産業化を両立させることであり、そのために、

- 資源管理を適切に行える手法
- 漁業の生産性・競争力の向上に資する漁業許可システム
- 養殖を含めて我が国の水域を最大限に活用できる漁業権免許システム

を構築するということである。

このコンセプトの下に、まず、2017年11月に「水産改革の方向性」が取りまとめられ、更に議論が積み重ねられ、2018年6月に政府与党の最終取りまとめが行われた。その中には、次のような内容が盛り込まれている。

①新たな資源管理システムの構築

漁業の基礎は水産資源であり、漁業を継続していくためにも、資源を維持・回復し、適切に管理することが必須である。これなくして、水産業の発展はあり得ない。

このため、資源管理については、国際的に見て遜色のない科学的・効果的な評価方法及び管理

方法を確立することとしている。特に、管理方法については、欧米型のアウトプット・コントロール（出口管理）といわれる、漁獲数量の規制に移行することとしている。

なお、関係国と共通に利用している水産資源については、我が国だけで十分な資源管理が行えるわけではないが、我が国が適切な資源管理を行うことが、関係国を含めた適切な資源管理体制の構築に向けてイニシアティブを発揮することにつながると考えられる。

具体的には、次のとおりである。

- 資源評価の対象魚種については、原則として有用資源全体をカバーすることを目指す。
- 資源調査については、調査船による調査の拡充、情報収集体制の強化など、調査体制を抜本的に拡充するとともに、人工衛星情報や漁業者の操業時の魚群探知情報などの各種情報を資源量把握のためのビッグデータとして活用する仕組みを整備する。
- 資源管理目標の設定方式を、国際的なスタンダードである最大持続生産量の概念をベースとする方式に変更し、最大持続生産量は最新の科学的知見に基づいて設定する。

このため、国全体としての資源管理指針を定めることを法制化し、この指針において、「目標管理基準（回復・維持を目指す水準）」と「限界管理基準（乱獲を防止するために資源管理を強化する基準。これを下回った場合、原則として10年以内に『目標管理基準』を回復するための計画を立てて実行することを要する）」という2つの基準を設定する。

- 目標管理基準の維持・段階的回復を旨として、国は毎年度の漁獲可能量（TAC）を設定する。TAC対象魚種は準備の整ったものから順次拡大し、早期に漁獲量ベースで8割をTAC対象に取り込む。
- 漁業許可の対象魚種については、TAC対象とした魚種のすべてについて、準備の整ったものから、順次、個別割当（IQ）を導入する。割当ては、漁船別にTACに占めるIQの割合（パーセント）を割り当てる方式とし、毎年度、TAC数量が決まるとIQの数量も確定することになる。また、規模拡大や新規参入を促すため、漁船の譲渡等と合わせてIQの割合の移転ができるようにする。
- IQだけでは資源管理の実効性が十分担保できない場合は、操業期間や体長制限等の資源管理措置を適切に組み合わせる。

●ＴＡＣ対象魚種すべてについて、速やかな漁獲量報告を義務付ける。逐次漁獲量を集計し、資源管理上必要な場合には、適切なタイミングで、採捕停止などの措置命令を発出する。

●ＩＱ超過については、罰則、ＩＱ割当の削減等の抑止効果の高いペナルティ措置を講ずる。

②漁業許可制度の見直し

遠洋・沖合漁業等に関する漁業許可制度については、ＩＱの導入などの資源管理の強化を前提として、漁船の大型化等による生産性の向上を阻害せず、国際競争力の強化につながる制度に移行することとしている。

これにより、ノルウェーなどと対等に競争できる生産性の確保を目指すことになる。

具体的には、次のとおりである。

●資源管理方法の変更と関連して、ＩＱの導入など条件の整った漁業種類については、トン数制限等の漁船の大型化を阻害する規制を撤廃する。

なお、ＩＱだけではカバーできない資源管理上の規制（操業区域、操業期間、体長制限など）は、必要に応じて活用する。

- 漁船の譲渡等に際しては、承継者に許可を行い、同時にIQも移転することとする。
- 漁業許可を受けた者には、資源管理の状況・生産データ等の報告を義務付け、資源管理を適切に行わない漁業者・生産性が著しく低い漁業者に対しては、改善勧告・許可の取消を行う。
- 大臣許可漁業については、許可を受けた漁業者の廃業などの場合に、随時、新規許可を行う制度とする。

③漁業権免許制度の見直し

養殖・沿岸漁業に関する漁業権免許制度については、我が国水域を有効かつ効率的に活用できる仕組みとするため、漁業権付与の優先順位の法定制を廃止するとともに、漁業権制度の透明性を高めるなどの改革を行うこととしている。

これにより、十分活用されていない水域において、養殖業への新規参入が透明・公正に行われ、国際競争力の向上につながる新技術の導入や投資が円滑に行われることが期待される。

具体的には、次のとおりである。

●都道府県は、漁業権付与の前提となる漁場計画の策定にあたって、水域を最大限に活用できるように留意し、可能な場合は、養殖のための新区画の設定を積極的に推進する。沖合等に養殖のための新たな区画を設定することが適当と考えられる場合は、国が都道府県に指示等を行う。

●都道府県の漁場計画の策定プロセスを透明化し、新規参入希望者をはじめ関係者の要望を幅広く聴取するとともに、その要望に関する検討結果も公表する仕組みとする。

●都道府県が漁業権を付与する際の優先順位の法定制（従来は第1順位が漁協）を廃止する。これに代えて、都道府県が漁業権を付与する際の考慮事項として、既存の漁業権者が水域を適切かつ有効に活用している場合は、その継続利用を優先し、それ以外の場合は、地域の水産業の発展に資するかどうかを総合的に判断することを法定する。

●漁業権者には、漁業権の活用状況・生産データ等の報告を義務付け、既存の漁業権者が水域を適切かつ有効に活用していない場合には、改善指導・勧告・漁業権の取消を行う。

●漁業者団体に付与される漁業権については、団体が、そのメンバーである個別漁業者間の漁場利用に関する内部調整（費用徴収を含む）を、漁業権行使規則に基づいて行うが、これは、メンバー外には及ばないことを明確化する。

- 漁場管理を都道府県の責務として法定したうえで、漁場管理の業務を適切な管理能力のある漁協等にルールを定めて委託できる制度を創設する。受託した漁協等は、業務の実施方法等を定めた漁場管理規程を策定し、都道府県の認可を受けるものとし、業務の実施状況を都道府県に報告する。業務に関し漁協等のメンバー以外から費用を徴収する必要がある場合は、都道府県の認可を受けた漁場管理規程の中で、その使途・負担の積算根拠を明示することとし、また、毎年度、その使途に関する収支状況を公表する。

このような改革案が２０１８年６月に政府与党でまとまった。まとまったのを見届けて、7月に私は農林水産省を退官したが、6月の取りまとめを踏まえた「漁業法等の一部を改正する法律案」が同年秋の臨時国会に提出され、成立している。

責任ある水産行政

漁業法の制定は１９４９年であり、約70年ぶりの大改正となったが、日本の水産業の衰退・縮小は以前から誰の目にも明らかになっていたのであり、もっと早く、問題の核心を見極め、抜本的な措置を講じるべきだったと思う。

特に、資源管理は極めて重要であるが、これは総論と各論が一致しにくいテーマである。漁業者も資源管理の重要性は理解しても、自分はできるだけ多く漁獲したい、他人にはとられたくないという意識が働く。したがって、調整は非常に難しくなる。

これまでの水産行政は、多くの局面で、漁業者間の調整または漁業者団体の調整に委ねる形で進められてきており、結果的に十分な資源管理は行えなかった。

今後は、水産庁が責任を持って毅然とした資源管理を行わなければならない。十分なデータの収集を行い、科学的な漁獲可能量を決定し、それを漁業者に納得してもらう必要がある。そのためには、資源調査や資源量推計の精度を高める努力も必要であるし、データの収集に漁業者に参画してもらうことも必要である。

漁獲可能量を配分する際には、個々の漁業者の意見を聞き、公正に配分することが必要であるが、総量の決定はあくまで科学的でなければならず、漁業者の意見で変更するようなものではない。

これからの水産行政の責任は重く、国民の期待にきちんと応えていかなければならない。

なお、水産業についても、生産資材コストを引き下げ、流通構造を改革し、新技術を開発・導入し、また経済界と連携することが重要であるのは、農業・林業と変わらない。

特に、水産物の場合には、農産物以上に鮮度が重要な問題となるので、漁獲から消費に至る生産・流通・加工プロセスの効率化・合理化を徹底して考えていく必要がある。

以上のように、林業改革にしても水産業改革にしても、市場経済の下で、それぞれの経済主体が自由に経営展開できる環境を整備するという点は、農政改革と全く同じである。林業、水産業については、資源管理が重要という点が、農業とは異なっているのみである。

第6章

行政における組織運営

第2章から第5章まで、政策改革の内容を説明してきたが、政策を進めるうえで、組織を的確に運営することは必要不可欠である。

政策遂行と組織運営は不可分の関係にあり、組織運営は政策の内容面と同等に重要である。

行政官も、課長以上の幹部職員になれば、部下を統括し、その能力を最大限に引き出して、政策上の成果を出していかなければならず、当然のことながら、組織をどう運営するかという問題に直面することになる。

特に、局長・課長が、法改正を伴うような大きな課題に取り組もうとすれば、自分一人で実行することは不可能であり、現在の自分の局・課の陣容で対応できるか、できなければ自分の部下に誰を持ってくるかといったことを真剣に考えることになる。

そして、人事全体を見る立場にある人事担当課長や事務次官は、省内全体が、その使命・役割を踏まえて、必要な政策課題を次々に設定し、その解決策を提案し、実行していく組織になるようにするにはどうすべきかということを考えることになる。

組織運営を考えるときに最も重要なのは人事であり、どういう方針の下に人事を行うかは、その組織の将来に直結する。

サラリーマンでなくても組織に属している人間にとって、人事は一大関心事であるが、多くの人は、人事とは自分の人事異動のこととしか考えていない。したがって、内示や発令のたびに一喜一憂することになるのだが、これは人事の一面に過ぎない。

人事において最も大切なことは、その組織の使命・役割を的確に果たすためにどうしていくかということである。

組織の使命・役割を踏まえて、どういう人材を育成し、どういう人事配置を行っていくかを明確にし、それに即した人事を中長期にわたって継続していくことが、組織を活性化するうえで重要なポイントである。

そして、経済社会情勢が変化し、組織の使命・役割が変われば、人事方針も変えていかなければならない。

高度経済成長期までは、日本の官僚機構の役割は比較的明確で、欧米の制度を参考にして新しい制度を導入し、それを民間に指導・定着させていくことや、年々増大する税収を活用して新しい補助金制度を作り民間に配分していくことが、中心的課題であった。

このシステムの下では、法律職・経済職の公務員、いわゆる事務官が大きな役割を担った。

事務官は、ゼネラリストと位置付けられ、2年程度のサイクルでポストを異動させ、幅広い分野を経験させることが、人事方針とされてきた。

しかし、欧米へのキャッチアップなど戦後の行政目標がほぼ達成され、一方で、経済全体のパイや税収の拡大にブレーキがかかるようになると、行政に期待される役割も大きく変化することになった。

従来の仕組みでは経済社会の変化に的確に対応できなくなり、制度の改革や新たな仕組みの構築が求められるようになる。１９８１年に臨時行政調査会（いわゆる土光臨調）が発足したときには、既にこうした変化が起きていたのである。

残念ながら、その後も、中央官庁の人事方針はあまり変わっていないように思われる。このことが実は大きな問題で、行政の役割の変化を踏まえた人事システムになっていなければ、行政が国民の期待に応えることはできず、国の将来に大きく影響する。

政策を改革しようと思えば、状況変化を踏まえて新たな仕組みを作る必要があるが、参考になる前例があるとは限らず、有効な制度を自分で考え出さなければならない。それができるだけの知見や能力が必要になる。

また、改革しようとすれば、それによって既得権を損なうことになる勢力との調整を行う能力も必要になる。

予算面でも、現在の財政状況の下では、毎年新しい補助金をとってきて配ることはできず、限られた財源を将来ビジョンのためにメリハリをつけて、いかに有効に使うかということが求められる。そのためには、既存予算でカットしなければいけない部分も出てくるが、この調整も簡単ではない。

こうしたことに対応するには、現場の実態を深く理解することが必要であるが、2年ごとにポストが変わるようでは、表面的な理解を超えられないし、長年にわたり問題をフォローしている政治家と建設的な議論をすることすらできなくなる。

厳しい調整であればあるほど、実態を踏まえつつ将来の発展につながる政策議論を毅然と行わなければならないのに、これがおぼつかなくなる。

このように、状況が大きく変われば、人事方針は大きく変えていかなければならない。一方で、こうした人事方針の変更を組織の中に定着させていくことはそう簡単ではない。

職員は皆、人事方針はこういうものだという固定観念を持っている。これが変更された場合に不利益を被る人も当然出てくる。

したがって、人事方針の変更を示すインパクトのある人事を実施し、その意図が明確に分かるようにすることも必要である。それでも職員の意識は容易に変わらない。場合によっては、人事担当者が変わったとたんに人事方針がもとに戻ることすらある。そのくらい人事は根の深いものである。

社長が5年程度は在任する会社と異なり、大臣も事務次官も1～2年で交代してしまう官庁のシステムの下では、人事方針を変更し、それを定着させることは非常な困難を伴うが、これができなければ、行政機構は劣化していくことになる。

1　組織運営のポイント

私の3年間の人事担当課長、2年間の事務次官の経験などから、組織運営・人事運営を行うに当たって考えてきたことを整理してみたい。

政策は人なり

これは、私が秘書官としてお仕えした大河原太一郎農林水産大臣の言葉である。大河原氏は、農林水産省の事務次官を経て参議院議員になった方であり、秘書官である私としては大変勉強になったが、最も印象に残っているのが、当時の事務次官や秘書課長に繰り返し言っておられた「政策は人なり」という言葉である。

重要な政策を進めようとするときには、その担当局長・担当課長を誰にするかが最も重要であり、人事を決めた時点で、その政策がうまくいくかどうかは、8割方決まってしまう、という意味である。

このために、大河原氏は、「人事を担当する者は最も政策に精通するよう勉強せよ」、とも言われていた。

その後、私は人事を担当する秘書課長に就任し、また、事務次官として省内の人事に携わったが、その際、常に意識していたのが、この「政策は人なり」という言葉である。人事の要諦はこれに尽きるといってよいと思う。

人事を好き嫌いで行うことは厳に慎むべきであり、仲間内でおいしいポストを山分けするようなこともあってはならない。

常に、次の政策課題は何かを考え、それに優先順位をつけ、優先順位の高い方からそれを確実に実行できる人を配置していかなければならない。

人事は政策と裏表であり、政策の指揮命令系統が人事の指揮命令系統と合致するのが当然である。各省の幹部人事の権限が大臣にあり、そして内閣にあるのは、そういう意味で当然のことである。

各省の事務方が自律的に人事権を持てば、戦前の陸海軍のような事態が生じ、内閣の指揮の下で政策を進めることが難しくなりかねない。

また、大きな改革が、関係団体等の既得権を損なう可能性がある以上、与党は団体等との関係を考えて改革に後ろ向きということもあるわけで、与党が人事について事実上の影響力を持てば、改革は実行できない。内閣が人事権を持って官邸主導で行わなければ、政策推進はできなくなる。

政策を前向きに推進するためには、局長・課長にその政策に相応しい人物を配置していくことが何よりも重要になる。

それには、一人一人の職員の仕事に対する姿勢、改革に対する意欲、実行能力といったものを、日常的に、いろいろな角度から見ていく必要がある。

現在または過去に、どのようなポストに就いていたかということは、重要ではない。しかし、現在または過去にそのポストでどのように仕事をしたかは、極めて重要であり、よく確認しなければならない。

自分で課題を設定して前向きな仕事に積極的に取り組んだ人と、課題を設定するチャンスなのにそのチャンスを見送った人あるいは外部から課題が設定されたのに前向きな対応ができなかった人とでは、前者の評価が高くなるのが当たり前である。

前向きな政策提案を持っていても、自分が責任者になったときに実行できないというのでも困る。行政官は評論家ではなく実務家である。

こうしたことを日頃の仕事ぶりからよく見ていくことになる。

また、前向きに取り組んだ場合は失敗しても評価しなければならない。失敗から学習すれば、次の機会に活かすことができる。また、前向きで意欲のある人は必ずそこから学習する。

したがって、人事は、「事なかれ主義」や「減点主義」ではなく、「向こう傷を問わない」ことが大切である。

また、特定のポストを優遇したり、特定の人事ルートを作ることも好ましくない。職員がそういうことを感じ取れば、そういうポストに就き、そういう人事ルートに乗ったとたんに、「事なかれ主義」に陥るだけであり、国の将来にとって何もメリットはない。重要なポストは、その時の政策課題に応じて変わっていくのであり、固定的に考える方がどうかしていると思う。

マスコミの人事報道を見ていると、特定の人事ルートを念頭に置いた旧態依然たる人事観で記事が作られていることもあるが、こういう報道自体が職員に「事なかれ主義」を蔓延させるきっかけにもなる。

「政策は人なり」を実行するためには、最も重要な政策課題に、最も相応しい人物を最優先で配置することになる。

人材は、残念ながら過去の人事政策の積重ねの結果であるので、無尽蔵に存在するわけではない。優先順位の高い政策から順に人材を当てていけば、すべてに適切な人材が配置されるわけにはいかないが、それはやむを得ない。

そうであるからこそ、組織全体の政策課題に優先順位をつけることが重要なのである。

プロの行政官の育成が必要

当面の重要政策に対応した人事と並んで重要なのが、組織の将来の在り方を見通したうえでの人材育成である。

高度経済成長期までは、欧米の制度の導入や増大する税収を活用した新規予算の獲得・配分が行政の役割の中心であり、基本的にゼネラリストを育成するという考え方に立ち、2～3年ごとにポストを移動させて、広く薄い知識を身につけさせた。

しかし、高度経済成長が終わり、経済全体のパイがあまり拡大しなくなると、このような人材育成では対応できなくなる。行政改革のように既得権を引きはがすような調整の難しい仕事が行政の中心になってくると、その分野についての深い知識がないと対応できなくなる。

今後、日本が、難しくなる国際情勢の下で、発展していくためには、法制度・システムを経済社会の変化に合わせて改革していくことが不可欠であるが、これをスピード感を持って実行していくには、複雑な仕組みや運用の実態、あるいはベースとなる科学的知見をマスターした、本当の意味でのプロの行政官を育成し、プロがある程度長期にわたって担当できるようにする必要がある。

また、科学的・技術的な側面の強い分野については、専門能力を常に向上させて国際レベルにしておかないと、行政の機能を十分に果たすことすらできなくなる。規制・監督行政においても、規制・監督される業界側の方がレベルが高いといった、笑うに笑えない事態が生じる。下手をすると、業界の発展を阻害する規制になったり、逆に、業界に完全にコントロールされた規制になりかねない。

まして、グローバル・スタンダードを作るような国際交渉になれば、2年でポストが変わる人が出席をしても何も成果は得られない。

国際交渉は、いわばマフィアの世界である。過去の交渉経緯や今回の交渉における複数のアジェンダ相互の関係を熟知し、なにより、交渉相手と長年にわたって顔がつながっていることが重要である。もちろん語学力は必須である。

国際社会のマフィアの一員として認知される程度にならなければ、とても議論をリードし、国益に合致する結論に到達することなどできない。

2010年3月のワシントン条約（絶滅のおそれのある野生動植物の種の国際取引に関する条約）の締約国会議は、クロマグロの取引禁止が大きな論点となった。

事前のマスコミの論調は日本の敗北必至というものであったが、結果的には、「クロマグロの資源管理は強化する必要があるが、取引禁止は適切・公平な方法ではない」とする日本の主張が通る形となった。

これは、長年にわたり、この問題の交渉担当者を固定して取り組んできた、水産庁の人事政策の成果といえるものである。

以上のように、スペシャリストでなければ、その分野で意味のある仕事はできず、まして制度改革や複雑な利害調整を行っていくことはできない。

どのように専門家、スペシャリストを養成していくかは、省によっても異なるが、2年や3年に1回、全く異なる分野に人事異動をするといったやり方では専門家は育たない。

若いうちは、本人の適性を見たり、本人の専門分野の希望を固める観点から、ある程度の頻度で人事異動を行うことも必要であるが、入省10年目くらいからは、専門分野を2つか3つに絞り、同一ポストの在任期間を長くして、その専門能力を磨いていくことが必要である。

国際交渉に対応できる人材を育成するには、これに加えて、ポストが変わっても国際会議に出席し続けるようにする必要がある。

また、局長、長官といった責任者には、その分野の専門能力の高い者を当てなければならない。能力が高ければ、事務官でも技官でも構わない。

霞が関では、これまで、そのポストに就けば仕事ができるはずといった安易な人事も見受けられたし、農林水産省では、過去に、局長になって初めてその分野を担当するというケースもあった。全く新しい発想で改革をしようという場合にそれが必要なこともないわけではないが、基本的にこういうことは避けるべきである。

専門家の育成を考えれば、研修をはじめとする職員の能力向上のための教育システムが極めて重要になる。

大学・大学院で修得した専門知識は時間とともに陳腐化するので、それをケアする教育システムは不可欠である。陳腐化した知識では的確な行政をすることもできないし、グローバル・スタンダードの決定など国際的な議論をリードしていくこともできない。

これまで霞が関全体が、法学部・経済学部出身者を中心とするゼネラリストの養成に主眼を置いてきたため、研修についても、専門能力というより、一般的な行政官としての心構えや教養を身につけることに重点が置かれ、専門能力の向上については十分意識されてこなかったきらいがある。

この結果、研修そのものが、日々の深夜に及ぶ激しい勤務の息抜きと考えられたり、暇な人が研修に送られ、忙しい人は全く研修を受けられないといったことがあった。

これでは行政の質は高まらない。研修は専門能力の向上のためのものと位置付け、専門分野ごとに体系的に実施する必要がある。

そのやり方も、数日といった短期的なものだけでなく、国外・国内の大学への留学、国際機関への派遣など、本格的な方法を考えなければならない。
国際的な議論をリードできるような高い専門能力を持った職員の養成が目的であることを意識して、工夫を重ねていく必要がある。

中国は、先進国にキャッチアップし、追い越すために、相当数の留学生を米国等に送り、更にそうした人材の活用をシステマティックに行っている。日本が先進国としてのプライドにいつまでも胡座をかいて、行政官の本格的な研修等を怠れば、日本のアジアの中での地位はどんどん低下していくことになると思われる。

戦後、日本が急速に欧米にキャッチアップし、世界第2位のGDP大国となったように、後発国が先発国に追いつき追い越すのは、そう難しいことではない。危機感を常に持って、この国の将来に向けた布石を打っていく必要がある。

事務官も技官も同等に

霞が関全体として、これまで人事は事務官中心に考えられてきている。
明治維新後の西洋文明の導入、第2次世界大戦後の欧米へのキャッチアップを進めるためには、欧米の制度・システムを法律にして導入するというのが一つの有効な方法であり、その時代はこれで対応できたのかもしれない。

しかし、これからの国家としての発展を考えれば、世界をリードする、あるいは世界との競争に勝つことのできる、制度やシステムを構築していくことが重要であり、その前提として科学技術の最新状況が分かっている必要もある。

こういう時代に、事務官・ゼネラリスト中心の人事システムでは十分な対応はできず、その分野のスペシャリストを的確に活用することが必要となる。適切な能力があれば、事務官と技官の区分は大きな意味を持たない。

かつて、農林水産省の局長・長官のほぼ全員が事務官ということもあったが、今はそういう時代ではない。

入省年次も重視しない

専門能力を重視すれば、入省年次を重視した人事も無意味になる。

専門能力が高ければ、年次に関係なく登用せざるを得ないし、早く登用して長期にわたって在任してもらう必要もある。

ゼネラリストであれば、能力の差といってもそれほど大きいわけではなく、年次順に昇進させ、ポストの数が減少する上位のランクになる頃から順次退職させるといったやり方も通用したが、専門能力が問われる分野では、そうした人事システムは通用しない。

基本的なところから、人事システムを考え直す必要が生じている。

採用は人物本位・能力本位

採用とは、組織にとって非常に高い買い物である。特に行政機関の場合、公務員の身分保障もあり、一旦採用すれば、30年以上税金から給与を払うことになる。1人当たりの生涯給与は億円単位になる。能力や適性を見極めて慎重に判断せざるを得ない重要な問題である。

かつては、東京大学、それも事務系については法学部卒業生というのが採用についての一つの基準になっていた時代があるが、こういう基準は意味がない。

私は秘書課長時代に採用を4回経験することになったが、課長面接に際しては、常に大学を判断基準にせずに、人物本位で判断することにしていた。

実際に、ある年度には事務官15人中東大法学部がゼロになったこともある。人物本位で採用・不採用を決めていったら、結果としてそうなっただけであるが、これについて、マスコミが、農林水産省には優秀な学生が行かないとして、面白おかしく報道したのには驚いた。

マスコミが公務員採用における東大偏重の是正を求め、これに応えて政府側でも東大以外の積極採用を働きかけたりしたことがあったが、当のマスコミ自身が東大神話にどっぷり浸かっているとしか思えない状況だった。

実際に一緒に仕事をしてみれば、その人物の能力はよく分かるわけで、東大にも他の大学にも優秀な人はいるし、優秀でない人もいる。大学入試の時点での学力の序列が、その後も通用すると考える方がどうかしているのである。

さらに、採用については、新規学卒者を中心とするのでよいのかという問題もある。本当に意欲と能力のある人材を採用しようと思えば、社会人として一定の経験を積んだ人の方が判断しやすい。

ＩＴやＡＩなどの専門人材を確保しようと思えば、既に相当な能力を持っている人を採用しなければ意味がないことも多い。

このように中途採用についても積極的に考えていく必要があるが、処遇の問題など、現時点では、公務員制度全体のルールからくる制約がある。

結果平等の人事はしない

採用は人物本位で行い、その後も、能力を向上させるような刺激を与え、節目ごとに、能力を適性に評価して、選抜していく以外にない。

私は秘書課長在任中に、係長・課長補佐への昇進適齢期にきている人たちに研修を必修とし、レポートを提出させ採点して昇進させるかどうかを判定するといったやり方を導入した。

こうした選抜は民間企業においては当然のことだと思うが、官庁においては、これまで年次主義による悪平等の人事運用の伝統が強く、課長補佐までは、同期入省者が同時に昇進する状況であった。

職員が、結果平等の人事が行われると思い込み、しかも短期で人事異動が行われれば、自分の在任中だけ問題を起こさなければよいという意識になってしまいがちである。

機会は均等であっても、結果は平等になるとは限らない人事システムにしなければならない。

管理職の人事サイクルの長期化

行政機関の場合、これまで、課長以上の管理職についても、2年程度で異動することが多かった。

公正な法の執行がポイントとなるような職務の場合は、不正を防ぐ観点で、短期の異動が必要なこともある。また、若いうちは幅広い経験を積んでもらうことも重要である。

しかしながら、課長以上の管理職については、適材適所の人事を行ったうえで、その人がそのポストに適任であると思えば、ある程度長期にわたって担当させることが必要である。

1年目は、全体状況を把握して、問題を解決する新しい仕組みを検討し、2年目に、法改正等によりそれを実行し、3年目に、改正法の実行状況を踏まえながら、必要な調整を行う、というサイクルを考えただけでも、2年間では何もできないことは明らかである。

法改正までに2年以上を要することもよくあり、2年で異動になると分かっていれば、誰も大きな仕事に取り組まなくなる。

私自身は、幸運なことに3年以上在籍したポストが多く（6ポストが3年以上在籍）、経営局長については、5年在籍したため、やらなければいけないと考えた仕事のかなりの部分を実行する機会に恵まれた。

また、一旦軌道に乗った業務については、それを継続させることで、十分な成果を出していくことも必要である。このような場合は、管理職に長期にわたって在任してもらうか、交代するときは前任者の次席の地位にあった人を後任に昇進させるなど、業務の継続性の確保を意識した人事が必要になる。

本人の希望に応える人事も必要

若手職員の人事記録を見ていると、業務の都合で短期異動させられているケースも多く、これでは、モチベーションを維持することも難しいと思う。

人事の希望を人事当局が丁寧に聞き取りつつ、可能な限り、その人の意欲を維持し、能力を発揮できるポストに就けることも重要だと思う。

組織なので、常に、全員のニーズを満たす人事はできないが、人事当局として、何回かに1回は希望に応える人事を心がけることが必要である。

こういう観点からは、人事の希望調書をきちんと書いてもらうことも重要である。

私が人事担当課長のときに、希望調書の様式をかなり工夫し、自分の能力評価（特に長所）を書いてもらうと同時に、やってみたいポストとそこでの仕事を順位をつけていくつか書いてもらうことにした。

せっかくの機会なのにこれを書かない人もいたが、大変もったいないと思う。どんな仕事でもできるから書かないという人もいるかもしれないが、人事当局から見れば、勉強していないから、やりたいポスト、あるいは、やるべき仕事が分からないのではないか、と受け止めることになる。また、希望が分からなければ、それを配慮するということも考えられない。自分の希望を表明できる機会は積極的に活用すべきである。

人事評価は評価する人も評価される

本人の希望とともに、上司等からの人事評価も、人事上大きな要素である。評価によって、給与水準・賞与にも影響が出るし、次の人事にも影響するわけで、これを公正に行うことが、職員の士気を高めることにもなる。

霞が関における人事評価は、直属の上司が評価したうえで、その上の者が評価を調整する仕組みになってはいるが、直属の上司との人間関係でバイアスがかかることもないとはいえない。

そういう観点からいうと、人事評価は1回ごとに判断するのではなく、ある程度の期間をとって数回の評価を総合的に見てみないといけない。

本当に優秀な人は、ほぼ毎回高い評価であるし、そういう人の評価が低くなっている場合は、低く評価した上司の方に問題があることが多い。

そういう意味では、人事評価は、評価する方もその評価の仕方を評価されているわけで、評価を実施する者は、公正な判断をしなければならない。

360度評価は使い方が大切

評価には、上司が評価するものだけでなく、下から評価する、いわゆる「360度評価」というものもある。農林水産省でも、私が事務次官のときに、働き方改革を進める一つの手法として、他省の仕組みを参考にして、これを導入した。

この結果を見ていると、課長にパワハラの傾向があるかどうか、職員に対する仕事のさせ方に問題があるかどうかは、明確に分かる。この場合には、本人を指導し、時には次の異動で交代してもらうことになる。放置すれば、組織の成果が上がらないだけでなく、職員の健康にも影響し、メンタル面で問題を抱える職員が出てしまう可能性がある。

ただし、「360度評価」を過度に重視するのも問題がある。

組織は、上から下への指揮命令を基本に動いており、部下の自由な意見を引き出すのも上司の重要な役割であるが、議論したうえで、最後は上司の決定に従ってもらわなければならない。上司が「360度評価」を気にしすぎると、部下に対する遠慮が働いて組織の成果を出せなくなることがある。

したがって、私は、「360度評価」は、パワハラや組織管理に問題がある場合に、これを発見し、是正するための手段という程度に考えるべきだと思っている。

人事は職員に対するメッセージ

人事というのは、職員に対するメッセージである。

どういう人が局長・課長になったかで、どういう仕事の仕方をすれば自分も評価されるかということが分かる。職員が、「うちの役所は事なかれ主義だ」と思ったら、誰もリスクをとった仕事はしなくなる。「特定ポスト優遇だ」と思ったら、そのポストに就けなかった者はやる気をなくしてしまう。政策に前向きに取り組んだ人が評価されると思ったら、前向きな姿勢の人が増える。

だから、人事は、職員に、こういう仕事の仕方をしてほしいというメッセージなのであり、人事担当者は心して行わなければならない。

こうした人事をきちんと行うことが、組織を活性化させ、前向きな改革を進めていくうえで、極めて重要である。

人事担当者は嫌われることを覚悟する

組織の使命・役割を十全に果たすことを念頭に置いて人事をする以上、組織内の職員から嫌われることは覚悟しなければならない。

どこの組織でも同じであると思うが、自分自身に対する評価と組織からの評価は2割以上異なるのが通常である。処遇された人は自分の能力で処遇されたと思い、処遇されなかった人は人事担当者のせいでそうなったと受け止めることになる。長いこと人事担当をやれば、人々の恨みだけが積もっていくことになる。この意味で、人事担当は全く報われることのないポストである。

しかし、人事担当者は、組織の将来、国の将来にとって必要な人事を断行しなければならない。ましてて行政機関は国民の税金で仕事をしているのであり、職員の互助会ではない。経済社会の発展・国民生活の安定に貢献できるよう、将来を見通して、意欲と能力のある人材を適材適所で使っていく以外にはない。

2 組織の活性化

組織の活性化には刺激が必要

組織を活性化させるうえで、人事は重要であるが、これだけで十分に組織が活性化するとは限らず、様々な工夫をして、組織に刺激を与えていくことが必要である。

人事は、基本的に、組織内部の人の異動であり、これだけで、組織全体が持っている風土や雰囲気を改革することはできない。

このために、私は、2004年から3年間の秘書課長在任中に、いくつかの工夫を行った。

他流試合が組織に風穴を開ける

一つは、本格的な民間企業との人事交流である。

他流試合によって、組織が当たり前だと思っていることに疑問を抱かせるという狙いである。

これによって、企業のマインドや仕事の仕方を取り入れ、農林水産省の職員の意識を改革し、企業の目線でも評価される積極的な仕事をしてもらおうと考えた。

私自身が、企業の人事担当役員のところに伺って、交流のお願いをしたが、当初は「なぜ農林水産省と交流するのか分からない」と言われ、断られた企業も多かった。

しかし、10社程度のところと交流が始まると、他の企業からも交流したいという意向が次々と寄せられ、その後、40社程度にまで拡大した。

他流試合が意味を持つためには、単に交流人事を発令するだけでは不十分である。企業から来られた職員の方には、それぞれのポストで民間の知見・ノウハウを活かしていただくだけでなく、企業から来られた方同士で議論して、農林水産省に対する改革意見をまとめてもらい、それをもとに農林水産省の職員と意見交換をしてもらうなどの工夫をしてきた。

私が事務次官のときには、企業から来られた方々の改革提案を局長・長官全員の前で説明してもらい、意見交換したこともある。

農林水産省のビジョン・ステートメント

そして、人事交流で企業から来られた方々の提案で、農林水産省のビジョン・ステートメントを作ることになった。

広告代理店から来られた方から、「会社には社是のようなものがあり、それが職員の仕事に向き合う姿勢になっているのに、行政機関にはこういうものがない。そういうものがあった方が、組織としての一体感ができて、国民目線に立った仕事ができるのではないか」という提案があり、他の企業から来られた方々も、これを支持された。

私としても、当省の職員の感じている組織の閉塞感を打破し、前向きに取り組んでもらうために、省内で時間をかけて議論してビジョン・ステートメントを作るべき、と考えるに至った。

職員が感じている閉塞感とは、国会や予算編成で深夜まで仕事をしていても国民から評価されていない、自分のやっている仕事に意味が見いだせない、そして省としての一体感が感じられない、といったことである。

こうした閉塞感を打破するには、農林水産省の職員の仕事に取り組む際の「基本姿勢」を明確にすることが有効と考えたわけである。

全職員が共通の「基本姿勢」を自覚すれば、それが意識改革につながり、全職員が自らの業務・政策を「基本姿勢」の観点から見直していけば、業務改革・政策改革にもつながっていくことが期待できる。

一方で、このビジョン・ステートメントは、職員が仕事に取り組む際の「基本姿勢」であるので、幹部が一方的に決めるようなものではない。多くの職員が賛同し、農林水産省の職員の中に永く継承されるものにならなければ意味がない。

このため、全省的な議論を行う必要があり、半年をかけて、局長・課長といった階層ごとの横断的な議論、局ごと・課ごとの組織としての議論を積み重ねると同時に、職員に対するアンケート調査も2回にわたって行った。

しかも、議論は、ビジョン・ステートメントを策定する必要性があるかどうかをまず議論し、必要性があるとされた段階で、ビジョン・ステートメントの内容について議論し、さらに次の段階で、ビジョン・ステートメントを対外的に表明するかどうかを議論することとし、職員の意向を尊重しながら、検討を進めた。

このプロセスを通じて、自由闊達に議論できる風土、役職の上下にかかわらず自由にものが言える風土を復活させるのも、この目的の一つであった。

こうした経緯を経て、2007年6月に当時の事務次官が、ビジョン・ステートメント決定を宣言した。

わたしたち農林水産省は、
生命を支える「食」と安心して暮らせる「環境」を
未来の子どもたちに継承していくことを使命として、
常に国民の期待を正面から受けとめ
時代の変化を見通して政策を提案し、
その実現に向けて全力で行動します。

これが、決定したビジョン・ステートメントであるが、前半は、農林水産省の使命をどう自覚するか、後半は、どういう姿勢で仕事をするかを表現している。

特に、後段に強いメッセージが込められている。消費者・生産者を含めた国民の声を謙虚に聞き、時代を先取りする改革の精神を持ち、理屈を言うだけでなく行動する。すべての職員がこれを実践すれば相当のことができるはずである。

しかし、これを本当に理解し行動できる人は多くない。抽象的には分かっても具体的に何をしたらよいか分からないという人が大勢いる。まずはそれぞれの所管領域について、関係者と率直に意見交換すること、相手の意見でもっともだと思えることについては一緒に打開策を考えること、新聞や書籍などを読みながら今後の世の中はどういう方向に行くか、それに対応していくにはどうすればよいか、自分の仕事の仕方でもっと効率的で効果的なやり方はないか、といったことを自分の頭で日々考え続けることが大事だと思う。

私は秘書課長から異動した後も、自室にこれを書いたパネルを常に掲げ、職員にも確認させてきた。こういうものを作っただけで変わるほど組織運営は簡単ではないが、常にこういう努力を重ねていくことは必要であると思う。

また、職員教育という点では、同じことをことあるごとに繰り返し言い続けることも大事なことである。

この点、民間企業の朝礼など、参考にすべきものも多い。行政官の中には、同じことを繰り返して言うことは恥ずかしいという意識がある人が多い。馬鹿の一つ覚えのように同じことを言っていると思われたくないということなのだと思う。

しかし、教育というものは、同じことを繰り返して定着させることがその本質の一つである。外食産業や流通業界のようにアルバイトやパートの職員を多く抱えるところでは、新人でも即戦力となるような分かりやすいマニュアルを作り、それを繰り返し教育している。こういうことがどこの組織でも極めて重要なのである。行政機関もその例外ではない。

また、策定過程で実施したアンケート調査では、「業務改革に必要なのは個人の意識・自覚である」「まずは幹部職員が範を示すべきである」「幹部は議論の機会、議論の場を設けるべきである」という意見が多数あった。組織の活性化に必要なのは幹部職員の姿勢だということである。

このビジョン・ステートメントを対外的に公表するかどうかについては、アンケート調査では、公表すべきという意見が大勢を占めたものの、その時期を急ぐよりも、ビジョン・ステートメントを具現化するような業務改革・政策改革が進んでから公表すべきという意見が多く、今後の意識改革・業務改革の状況を見ながら公表時期を判断することとし、この時点では公表しなかった。

その後、私も人事担当課長から異動してしまい、ビジョン・ステートメントの定着・実践はあまり進んでいなかったが、2016年に私が事務次官になった際、大臣とも相談のうえ、ビジョン・ステートメントの定着・実践を進め、組織の活性化を図るため、全職員の名刺の裏にビジョン・ステートメントを印刷するとともに、各課の執務室や幹部の個室にもビジョン・ステートメントを掲示してもらうこととした。

名刺交換をするときに相手との話題になり、相手から「あなたは、このビジョン・ステートメントに即して何をやっていますか」と問われれば、職員はおのずから真剣に考えざるを得なくなるという仕掛けである（この本の読者の方には、農林水産省の職員と名刺交換をした際には、是非、問いかけていただきたいと思う）。

今後も、こういう基本姿勢が継承され、国民から評価される政策が推進されることを強く期待している。

組織の風通しをよくする

組織を活性化するには、個々の職員のレベルアップを図ると同時に、幹部が相互に意思疎通をよくし、共通の問題意識の下に連携して積極的に仕事を進めていける環境を整えることも重要である。

このため、定例で行われている局内の課長会議、省内の局長会議をうまく活用していくことも考える必要がある。

単に当面のスケジュールを共有するだけでなく、他の部局がどんな問題に取り組んでいるかを認識し、必要があれば、自分の部局からすればこうしてほしいという注文をつけたり、あるいは、他の部局の取組みを参考に自分の部局でもこうしようと考えたりする場にしていく必要がある。特に、局長は、担当する局の責任者であるというだけでなく、省の幹部である。会社でいえば取締役に相当するといってよい。

したがって、省全体の動きを理解し、整合性をとって全体政策を進めていく責務も負っている。他の部局のことには言及しないという姿勢では責務は果たせない。うるさいと言われるくらい相互に活発な領空侵犯の議論が行われることが望ましい。

政府全体の人事・組織に関する制度の見直しも必要

国家公務員の人事・組織については、人事院・内閣人事局等により設定された共通の制度があり、各省はこの枠組みの中で動いている。

この制度は相当に複雑・精緻なものとなっているが、これが時代に合っているかもよく考える必要がある。私には、ゼネラリスト中心の人事システムのように見える。

志・気概・情熱のある若い人に行政官を目指してもらい、その後も能力を高めていってもらうためには、様々な工夫が必要であり、また、外部からプロを採用しようという場合には、民間に匹敵する処遇がなければ、採用すら難しい。

今後の行政のあるべき姿や必要な行政官の質と人数を明確にしたうえで、もっとシンプルで弾力的な人事システムを工夫していく必要があると思う。

3　不祥事対応

国の行政機関においても、不祥事やトラブルが発生することはあり得る。

日頃から、こうしたことが起きないようにするのが基本ではあるが、起きてしまったときにどう対応するかは極めて重要な問題である。

対応の仕方次第で、傷口を必要以上に広げることになりかねず、そうなれば、省全体にマイナス・イメージを持たれる結果、前向きな仕事も非常に進めにくくなる。

せっかく前向きな政策を積み上げていっても、1回の不祥事で信用が地に落ちてしまうこともある。

したがって、不祥事対応は組織運営上極めて重要であり、幹部職員が細心の注意を払って取り組む必要がある。前向きな仕事よりはるかにエネルギーが必要である。

悪い情報は瞬時にトップまで上げる

問題が起きたときに大事なことは、瞬時に情報が上層部まで上がることである。

悪い情報ほど瞬時に上げるのが鉄則であり、これによって速やかに適切な対応方針を決めることができるようになる。

悪い情報だから自分たちのレベルにとどめておこうとか、対応方針を考えてから上に説明しようとか考えてはいけない。瞬時に上まで報告し、関係者がそろって情報共有しながら、対応方針を検討することが重要である。

また、悪い情報かどうかの判断は、広めに判断しなければならない。担当レベルでは、大した問題ではないと思っても、実は大きな問題ということもある。こういうケースが一番危険である。

問われるのは、不祥事の是正に取り組む姿勢

事実関係は正確に把握しなければいけないし、調査する必要があることは速やかに調査する。

そのうえで、行政として問題があるのかないのか、あるなら、どこが問題で、それは何が原因なのかを明らかにする。

そして問題を解決する、あるいは今後発生させないようにするためにどうするかを明確にする。

こういう手順で進める必要がある。

とにかく、事態に誠実に向き合い、事実を歪曲することなく、問題があればしっかり是正するという姿勢で取り組むことが基本である。この姿勢が疑われるようになると、事態はより深刻化することになる。

公表の仕方が重要

国民生活に影響がある場合などには、速やかに公表することも必要になる。ただ、公表する内容が十分把握できておらず、中途半端な公表ではかえって混乱を生じるような場合は、調査を急ぎつつ、調査結果が出るまで待つ方がよい場合もある。

公表する際には、

- 事実関係
- そうした事態を防ぐためにこれまで講じてきた措置
- それにもかかわらず生じてしまった理由
- 今回の事態に対する対応
- 今後同じことを発生させないようにするための方針

といったものを、事案に応じて丁寧に分かりやすく説明しなければならない。

簡単そうに見えるが、それぞれの案件が個性を持っており、マスコミの関心の大きさも様々であるので、案件ごとに冷静に検討していく必要がある。

不祥事の発生を防止するには

こうした事案は、政策マターというより、行政執行上の個別案件で発生することが多く、課長・局長の目が十分行き届いていない分野で起こることが多い。場合によっては地方組織において起きることもあり、このときは事実関係の把握を含めて、対応がより難しくなることがある。

少なくとも課長は、自分の課の仕事、それに関する地方組織の仕事については、定期的に点検することが必要である。

日頃自分が十分掌握していない分野はないか、そこの業務実態はどうなっているか、仕事のやり方や人事配置に問題はないか、といったことを点検し、問題が発生しないような体制整備を心がけていかなければいけない。

できれば、そうした現業を縮小する工夫（例えば、規制緩和、民間業務への移行）をする必要がある。

また、日頃から、他省庁や民間で不祥事が生じたときの対応をよく勉強しておくことも必要である。特に、対応が悪くて事態が大きくなったようなケースについては、対応の仕方のどこに問題があり、どうすればよかったかを自分の頭で考えておくことが役に立つ。

終章

行政官の責任を果たすために

ＩＴやＡＩの発展で、これからの行政は大きく変わっていくと思うが、行政が全く必要ないという状況になることは想定しがたい。

できるだけ効果的かつ効率的なものになるよう工夫しながら、法律の執行だけではなく、国の最大のシンクタンクとして、経済社会の発展に資する制度を企画立案する仕事を続けていかざるを得ない。

国際情勢がますます難しくなる中で、時代に合わない制度を放置し、あるいは間違った制度を作ることは、国の将来にとって大きなリスクとなるのであり、そういう状況であれば、国民から「そんな行政機関は不要」と言われることになる。

そういう意味では、行政官のレベルを高くしていくことが重要であり、志・気概・情熱のある人に行政官を目指してもらう必要がある。

管理職になれば、自分の所掌分野の政策をどうするかと同時に、後輩をどう育成するかを考えなければならないが、特に私は、秘書課長・事務次官という人事を担当するポストにかなりの期間就いていたので、採用内定者や若手職員あるいは管理職になった人に刺激を与えるため、いろいろな話をしてきた。

今後の参考として、そのポイントを整理しておきたい。

1　若手職員が留意すべきこと

「税金から給料をもらっていることを常に自覚し、プロの行政官になる」「問題意識と改革意欲を持ち、自己研鑽に努める」

自分たちが誰のために何のために仕事をしているかを自覚することは、基本中の基本である。国家公務員の給与は、「国民から強制的に徴収されている税金」で賄われている。消費者が自由意思で購入した商品・サービスの対価から給与を払われている民間企業とは、ここが決定的に違う。

国民は、行政官が、経済社会の発展や国民生活の安定に役に立つ仕事を効果的・効率的にしてもらうことを期待している。したがって、行政官は、国民にきちんと説明できる仕事をしなければいけない。

このときの国民とは誰かというのも、実は難しい問題である。ある政策を進めようとするときに、それに賛成の人も反対の人もいた場合にどうするか。

結局のところ、その政策が、将来の日本の経済社会の発展にとってプラスかマイナスかというのが決め手であり、あえていえば、将来の経済社会をリードしていける国民に重点を置いて考えるということになると思う。

給与をもらう以上、アマチュアではなく、プロである。漫然と日々の与えられた仕事をこなしていくだけでは、プロの行政官にはなれない。法律や予算に基づく政策がうまく機能しているか、問題がないか、修正すべき点がないかといったことを常に考えておかなければならない。

他人から指摘されてから見直す、あるいは指摘されても見直さないなど、プロの行政官として非常に恥ずかしいことだという意識が必要である。

「若いうちから、自分はこの課長になってこういう仕事をやりたいというものを2つか3つ必ず持つ」

私の経験では、官庁の場合、課長になれば、自分の考えたことを実行するという意味では、急に視界が開ける。課長補佐までは、新しい政策をやろうとしても、上司の誰かが反対して日の目を見ないということも結構あるが、課長になると、その分野の責任者になるので、反対されることが少なくなり、また反対されても責任者として反論すれば説得することが容易になる。この点で、課長補佐時代と比べて格段の違いがある。

こういう意味では、意欲と能力のある人にはできるだけ早いうちに課長に昇任させることが、本人にとっても組織にとってもプラスだと思う。

しかしながら、課長になってから自分は何をやろうかと考えるようでは、何も実行できない。課長になるまでの準備が極めて重要である。

むしろ、課長になったらこれをやりたいという前向きな心構えで、それまでの仕事をしていくことが、その者が課長に相応しい能力を身につけることにつながる。


「常に、自分が課長だったら、局長だったら、どう判断するかを考えることが大切で、その積重ねで差がつく」


この思考訓練の積重ねがあるかないかで大きな差がつくことになる。

上司の判断が自分の判断と一致したか、一致しない場合にどちらが正しいか、また、結果としてその判断は成功だったのか失敗だったのか、こういうことを考え続けていくことが、自分の判断力を高めていくことになる。

上司に説明するときも、こういうことを考えていれば的確な対応ができるのが普通である。

私は、部下が案件を説明に来たときに、「〇〇さん（例えば、官房長とか事務次官）がこう言っています」と言った場合に、「それでは、あなたはどう思うのですか」と聞いていた。自分の意見を言ってもらえれば、そこで意見交換をすることも指導することもできるのだが、中には、何も答えられない人もいた。これでは単なる伝書鳩であり、こういう人は何年たっても幹部にはなれないし、幹部にしてはいけない。

「自分の意見を常に持つように心がける」

自分の意見を持ったうえで、更に勉強を続け、自分の意見がおかしいと分かったら修正していけば、その意見の精度が上がっていく。自分の意見を持たなければ、修正することもできない。こうしたことを心がけていれば、いくつかのポストを経験していくうちに、省内のいろいろな部署の仕事について、自分ならこうやるべきだと思うものができてくる。

この意見を蓄積しておいて、チャンスがあれば発言し、さらに勉強してブラッシュアップしていく。

そして、自分の意見が正しいと思ったら、それを実現するチャンスを絶えずうかがっていることが必要である。

「自分の専門領域について、常に学習する」

学生時代の知識レベルは、研究等の発展により、時間とともに陳腐化する。卒業して就職した時点で勉強をやめてしまえば、専門知識を活かすことはできなくなる。

最先端の科学技術や専門知識を今後の制度設計に行かせるように、常に勉強しておくことが重要である。

「自分の専門領域以外についても、幅広く関心を持つ」

複雑化した現代社会において、自分の専門領域だけで完結するような仕事はほとんどない。現実に各官庁には多様な職種の人が採用されている。他分野の専門家になることはできないにしても、他分野の専門家の能力を見極め、そして能力の高いプロの能力を活かすことができるようにはなる必要がある。

そういう意味では、文科系の職員に理科系の基礎知識は必要であるし、理科系の職員にも文科系の基礎知識は必要である。

「政策の立案・遂行に必要なのは、想像力と創造力」

今後世の中がどう変化していくか、例えば、ＡＩが発展していくとどういう変化が起きるか、日本と外国との競争関係がどう変わっていくか、といったことを想像することがまず必要で、これが想像できないと、これからどんな制度が必要か、あるいはどういう制度が発展の障害になるのか、といったことが分からない。

そして、そのうえで、将来の発展をより円滑にかつスピード感を持って実現するために、どういう制度が必要かを考えて、新しい仕組みを創造しなければならない。

新しい仕組みなしに現行制度を廃止することはただの破壊であり、常に新しい仕組みを作って創造的に破壊していく必要がある。

「政策課題に正面から対応した解決策を考えることが重要」

これまでの政策の問題点・課題を整理していけば、それを解決するための方策はおのずから見えてくる。

構造的な問題には構造的な解決策が必要で、小手先の解決策では対応できない。

今後の作業の大変さや調整の難しさを考えて、小手先の解決策でお茶を濁すようなことをする人もいるが、こういうことをやれば、問題の本質的な解決を遅らせるだけである。アリバイ作りのような仕事をやってはいけない。

構造的な解決策が必要と思うのであれば、それができない理由をあれこれ考えても意味がない。実現までに難しい問題はあるかもしれないが、どうやったらそれを克服できるかを考えるのが行政官の仕事である。

「政策には、方向性とスピード感の2つの要素がある」

経済社会の変化との関係で、政策の方向性が間違っていれば話にならない。実はこのことがそう簡単ではない。40年間、省内・省外のいろいろな政策に関心を持って見てきたが、方向性が間違っていると思うものもかなりあった。したがって、よく勉強して適切な方向性を出すことがまず重要である。

そのうえで、方向性が正しければ、できるだけ改革を進める方がよいが、現場の実態から見て受け入れられないところまで進めようとすれば、調整が頓挫して何も実現できないということもあり得る。

その時点でどこまで改革できるか、行けるぎりぎりのところはどこかを、きちんと見極めることが重要である。場合によっては2段階のスケジュールも考える必要がある。

一方で、この判断が慎重になりすぎれば、何も改革できないことになる。

したがって、この点の判断力が、行政官の力量を左右することになると思う。

「新しい仕事を始めるには、従来の無駄な仕事をやめていくことも必要」

従来の仕事をそのままにして新しい仕事を始めれば、オーバーワークになるのは当然であり、新しい仕事もうまくいかなくなる。

常に、時代に合わなくなった仕事については、上司と相談して見直していくことが必要である。

「人事が自分の希望どおりでないときも、前向きに取り組むことが大切」

人事は自分の希望どおりにならないことが多いが、それでも、常に希望は明確に示すべきである。希望を明示していれば、何回かに1回は希望に即した人事がある。

逆に、希望どおりにならないときも、腐ったりせず、そのポストでやるべきことを前向きに考えて取り組んでいくことが大切である。

どんなポストでも、その所掌分野に問題点はあり、解決を必要としている。全く問題がないなら、その部署の廃止が必要で、それが仕事になる。

その部署の課題に真剣に取り組んでいけば、毎日楽しく仕事ができるし、人事当局も必ずそれを見ている。

「ポストはやりたい仕事を実行するためのもの。やりたいポストに就いたときは、その機会を最大限に活かすべき」

人事においては、結果平等ということにはならない。機会が与えられたときにそれを活かせるかどうかで、結果は変わってくる。

それには、それまでの準備が重要である。

「若いうちから健康の維持にも留意すべき」

重要な仕事になればなるほど、心身ともに健康でなければ実行は難しい。私が人事担当課長だったときに、重要な政策を実行するために期待されて局長ポストに就いた人が、癌になり、亡くなってしまったことがある。人間ドックも受けていなかったため、自覚症状が出たときには手遅れだった。このため、その後、農林水産省は、職員の健康管理を抜本的に強化した。

若いうちは残業時間も長くなりがちであるが、若いときに無理をすると後年それが利いてくるので、若いうちから健康管理には十分注意する必要がある。

このためにも、上司と相談して、無駄な仕事は廃止し、仕事の仕方も工夫して、最大限の効率化を図る必要がある。

「課長補佐までと課長以上とでは、求められる仕事の質が違う」
「若いうちから、課長以上の仕事はどういうものであるかを自覚して、勉強していくことが大切」

課長補佐までは、基本的には上司から与えられた作業を行うことが多いが、課長以上の仕事は、何よりも、政策を立案して実行することである。

現在の政策の問題点を把握して、その解決策を考えることであり、それを実現するための手法・スケジュール・段取りを考え、実現に向けて交渉・調整を行うことである。

これができるようになるためには、若いうちから勉強を心がけていく必要がある。問題点の把握や解決策は、経済社会の動向など幅広い視点から考える必要があり、そのためには、職務上所管する分野だけでなく、世の中全般の動きを幅広く勉強しておく必要がある。視野の狭い政策では実現は難しいし、実現しても意味がない。

また、手法については、幅広い選択肢の中から考える必要があり、省内の他部局、他省、民間のノウハウをよく勉強しておく必要がある。

立法技術もある程度マスターしておかないと、大きな制度改正に自信を持って臨むことができない。

例えば、問題を解決するための新しい仕組みを構想したときに、そういう法制度ができるかどうかという判断が必要になる。できもしない法律を作ろうとすれば無駄な作業が増えるだけである。

私自身は、若いときに3年間、大臣官房文書課の法令審査官をやったことが大変役に立った。

一方で、細かい立法技術に目を奪われすぎると、政策の大局・本質が見えなくなり、大胆な改革はできなくなるので、この点は注意が必要である。あくまでも、立法技術は政策遂行のための手段である。

交渉・調整のノウハウについては、自分の実際の経験から体得していくものであるが、これだけでは限界があり、歴史書や歴史小説などからも学ぶ必要がある。

私は、交渉・調整の基本は、確信と覚悟を持って臨み、論理的にかつ誠実に説明することだと考えている。

2　管理職が留意すべきこと

次に、課長以上の管理職になった場合に留意すべきことを整理しておく。

「何をやりたいかが最も大切」

管理職になれば、自分のやりたい仕事のかなりの部分は実行できる。

したがって、管理職になる前に、管理職になったら何をやるかを、若い頃から常に考え蓄積しておく必要がある。やりたいことが分からない人は管理職になるべきではない。

「やるべき項目を整理し、定期的に点検する」

管理職になった時点で、自分がやらなければいけないと思う仕事を、きちんと整理することが必要である。そして、それを進行管理しながら実行していくことが大切である。

私は、ポストの内示を受けたら、直ちに、自分がやるべき課題（ポストによるが、10項目くらい）を整理したリストを作り、その後も、毎月1回は、リストを点検し、進捗状況を自分で確認し、次にやるべき具体的事項を書き加え、新たに浮上した課題を追加するという作業をしていた。

「政策課題に応じた政策手法を考える」

課題ごとに、どういう解決策をとるかを考え、その実現に向けてのスケジュール・段取りなどを決めなければならない。

ただし、そのときに、どういう政策手法をとるかはよく考える必要がある。

課題ごとにそれに相応しい政策手法があり、また、最小限の労力で最大の成果を上げることも十分考えなければならない。

法律の根幹にかかわるものは法改正をするしかないが、必要がないのに無理に法改正をするようなことは避けなければならない。

過去の例を見ていると、幹部職員の自己満足のために無理に法改正を選択したようなケースも見られるが、この場合、若手職員は法律でなければできない事項（法律事項と呼ばれるもので、これがないものは内閣提出法案にはならないルール）をひねり出すという無駄な作業をさせられ、疲弊することになる。

政策の推進手法は、必ずしも、法律や予算ばかりではなく、無意味な法律や予算を作っても国民の利益にはならない。

「管理職は、問題意識と改革意欲を強く持ち、これを部下に見せることが重要」

管理職が後ろ向きになれば、それは職員にすぐに伝わり、組織全体が沈滞化することになる。管理職が、政策を一歩でも二歩でも前進させようという意思を明確に示していく必要がある。

部下から説明・相談を受ける場合も、常に問題意識を持って臨み、政策目的は現在も正しいか、政策目的を達成するためにもっと良い方法はないかを議論することが必要である。

昨日までやっていたことだからといって、何も考えずに、漫然と明日もやることは避ける必要がある。

「部下には、管理職が自分の考え方を明確に説明することが必要」

部下の能力を引き出すのも管理職の仕事である。

しかし、部下に単に自由に意見を言うよう求めてみても、なかなか意見は出てこない。管理職が検討すべき個別課題について議論する場を設けて、自分の考え方を説明したうえで、部下に意見を求めれば、意味のある意見交換を行うことができる。

「管理職は組織の結節点であることを自覚する」

管理職は、上司と部下の間に立って、その双方を円滑に動かし、組織全体を一体化させる必要がある。

そのためには、上司との間でも、部下との間でも、報告・連絡・相談を徹底する必要がある。適切なタイミングで報告・連絡・相談が行われないと、組織は円滑に動かない。

上司と感度を合わせておくことは非常に重要で、部下にいろいろ指示を出し作業が進んだ後で、上司からダメ出しをされたのでは、手戻りになり、残業は増え、職員には徒労感のみが残る。

また、悪い情報については、速やかにトップまで届かなければいけない。これも、管理職の重要な仕事である。自分の部下から速やかに情報が上がってくる体制を作るのと同時に、自分も上司に直ちに報告する姿勢を堅持する必要がある。

「管理職は、自分の所管する領域については、すべてを見ておくことが必要」

どうしても、政策的な重要度の高いもの、国会議員等との調整が必要なものにウェイトが置かれることになるが、それ以外の仕事、例えば、現業的な業務についても、定期的に状況を把握し、適切に業務が行われているかをチェックしておく必要がある。

これを怠ると、大きなトラブルになる可能性がある。

「部下に対するハラスメントにも十分な注意が必要」

仕事の中身については、一切遠慮があってはいけないし、厳しく政策議論をすべきだと思うが、これとハラスメントは別の問題である。部下の人格を否定するような発言は、厳に慎まなければいけない。

「部下の使い方は、管理職次第」

まず、部下の一人一人の仕事ぶりをよく見ることが必要である。

そのうえで、組織全体の能力を最大限に引き出すにはどうするかを常に考えていかなければならない。

そういう意味では、部下の仕事の分担関係を変えるのも、管理職の役割である。

課の中でも一部の班（課長補佐をヘッドとするチーム）に仕事が偏ってしまい、オーバーワークになることもある。場合によっては、担当班の能力では、その仕事をこなせないということもある。こうした事態を放置すれば、仕事が滞り、職員の健康面・メンタル面でも問題が生じる可能性がある。

このような場合は、管理職が早めに別の班などから職員を増強したり、他の班に仕事を移したりすることが必要になる。

また、大きな制度改正などを考えている場合には、当初から職員を増強しておかなければいけない。

大きな災害が発生するなど緊急対応が必要になる場合にも、管理職は早めに判断して体制整備を図る必要がある。

いずれも、現場からの要請があってから人員を増強したり、一度に十分な増強をせずに逐次増強したりするようなことは避けなければならない。

「残業が多いのは基本的に管理職の責任」「部下に対する指示はできるだけ早く行うべき」

私が課長の頃は、部下に対する指示は、極力、月曜日の朝一番に行うよう心がけていた。そして宿題の締切りも、金曜日の夕方と設定することで、勤務時間を有効に使い、残業が発生しないようにしていた。

また、大きな仕事の場合は、半年前、一年前から資料等の準備を指示すれば、残業をしないで十分な準備ができる。

私がある課長をしているときに、以上を実行していたところ、本当に残業が皆無になって、職員の残業手当が全く支給されなくなり、職員から、「給与が減るので、頼むから少しは残業をさせてほしい」と言われたこともあった。

「新しい仕事を始めるときには、従来の仕事をやめることが必要」

これまでの仕事をそのままにして、新しい仕事を追加してきた結果、霞が関の仕事は肥大化し、法律や規制もどんどん増えてきた。時代が変われば、不要な制度や規制も出てくるわけで、新しい仕事を始める際には必ず古い仕事を見直す努力が必要だと思う。

職員も、意味があると実感できる仕事を楽しくやっていれば、多少忙しくても、メンタル面で問題が生じることはない。意味がない仕事を続けることは、精神衛生上非常によくない。

国会質問で、国はあらゆることを知っているという前提で細かい質問をされることもあるが、知らないことは知らないと答えることも業務を整理していくうえで重要なことだと思う。

「管理職になったら、部下を育てるのも重要な仕事である」

行政の仕事を継続的に発展させていくには、優秀な次世代の人材を育てていくことが必要不可欠である。

そのためには、部下との日常的な仕事のやり取りの中で、常にそのことを意識して、自分の考え方や経験を伝えて参考にしてもらうことも必要である。

3　私が強く意識してきたこと

最後に、私自身が行政官として政策を考える際に強く意識してきた事項を記しておきたい。

①国民の理解なくして政策なし
　国民の支持が政策の基礎
　国民への広報は最重要課題

②状況が変われば、政策も変えるべき
　常に、現状分析から出発すべき
　共通の状況認識は、共通の政策を生む

③改革は最大の防御、弁解は自滅の道
　改革は批判を克服する

改革は最大の広報活動

④改革にはタイミングあり
チャンスを逃すことなかれ
タイミングを作ることも仕事のうち

⑤ビジョンは具体的政策で示してこそ、意味あり
行政官の自由作文は、現実を何も変えない
基本法を作っただけでは、現実は変わらない
具体的制度を魂を入れて作ることが必須

⑥政策目的を常に意識する
政策自身を自己目的化しない
目的があっての政策
農政栄えて農業滅ぶ、といった事態は避けるべき

⑦政策手法に固執しない

政策目的を達成する手法はいろいろ

最も効果的・効率的な手法を選択する

法律・予算だけが政策手法ではない

⑧問題を先取りして先手を打つのがベスト

5年後、10年後の問題を見通して解決策を考えるべき

多くの問題は、発生してからでは手遅れで、解決するのに余計コストがかかる

少なくとも、問題に気がついたら、直ちに手を打つべき

⑨省内で完結できる政策は今やわずか、他省庁・民間との連携が不可欠

独善的な考え方では他省庁・民間との連携はできない

同じ土俵で議論できることが必須

⑩政策は体系こそ重要

思いつきによる個別政策の羅列は、無意味

⑪市場経済の下での政策であるべき
意欲と能力のある経営者の自由な経営展開を妨げないことが基本
⑫政策の良し悪しは、結果が判定する
結果に応じて政策は要修正
⑬政策は単純明快がベスト
複雑で国民に分からない政策は、ないも同然
⑭規制は常に必要最小限に
行政の権限は可能な限り縮小
⑮行政官は黒子に徹すべし、ただしプロの黒子であるべし

あとがき

「天剣漫録」とは、司馬遼太郎氏の『坂の上の雲』で有名な秋山真之が、米国留学中に仕事の要諦を思いつくままに書き記した30か条の語録である。「孫子」と同様、短い言葉でポイントが記されており、非常に含蓄があり、応用範囲の広いものになっている。

私が特に重要と思っている項目をいくつかあげてみる（生出寿氏の『知将秋山真之　ある先任参謀の生涯』から引用。括弧の中に記載したのは、私の解釈・コメントである）。

○細心焦慮は計画の要能にして、虚心平気は実施の原力なり

（計画段階ではいろいろな事態を想定して細心の注意を払って計画を作り上げる必要があるが、一方で、計画を実行するときはあれこれ気にせず大胆に実行すべきである、ということである。言うのは簡単だが、なかなかできることではない。逆に、計画段階はアバウトすぎ、実行段階でいろいろ考えすぎて実行できないことが多い。）

○敗けぬ気と油断せざる心ある人は、無識なりとも用兵家たるを得

(指揮官の資質として最も重要なのは、闘争心と警戒心ということである。いくら知識があっても、これがなければ役には立たない。逆に、これさえあれば、勉強もするし、知識のある人を使いこなすこともできる。)

○敗けるも目的を達することあり。勝つも目的を達せざることあり。真正の勝利は目的の達不達に存す

(実際の戦闘局面あるいは交渉局面に入ると視野が狭くなり、その局面での勝敗にとらわれがちであるが、そのことが本来の目的から見るとマイナスになることがある、ということである。常に、視野を広くして、戦略目標をしっかりと意識し、それに即して行動することが重要である。)

○自啓自発せざる者は、教えたりとも実施すること能わず

(潜在能力がいくら高くても、やる気がない人にいくら指導しても効果は上がらない、ということである。人事配置については、やる気を重視することが必要である。)

○岡目は八目の強味あり、責任を持つと大抵の人は八目の弱味を生ず。宜しく責任の有無に拘わらず岡目なるを要す。唯是れ虚心平気なるのみ

（責任のない者が評論家として発言しているときには客観的にものが見えていることがあるが、その者に責任を持たせたとたんに評論家のときのような判断ができなくなることが多い、ということである。

それは、結局責任をとることを恐れることに起因する。その結果、リスクを回避し、場合によっては単なる先送りになり、戦略的に大きな損失を招くことになりかねない。）

○虚心平気ならんと欲せば、静界動界に工夫して、人欲の心雲を払い、無我の妙域に達せざるべからず

（責任者になったときに的確な判断をするためには、私利私欲を排除することが最も重要だということである。

結果として失敗することをおそれることも私利私欲であり、組織の本来の目的に照らして必要なことであれば、自分の利益・名誉を度外視して適切に判断し、実行すべきということである。）

以上の例を見ていただいただけでも、この「天剣漫録」が、組織運営・人事運営にとっていいか

に重要なポイントを指摘しているか、そして、現代でも十分に通用することが、お分かりいただけると思う。

秋山真之が、米国留学中に、組織運営の要諦を既に会得していたということが驚きであるが、その背景には、当時の難しい国際情勢に対する危機感があったのだと思う。日露戦争に負ければ、独立を維持できるかどうか分からない環境の中で、危機感を持ち、それをバネに、日本を強くするための方策を必死に考え続けたということだと思う。

日露戦争終結時に、秋山真之が起草した「連合艦隊解散ノ辞」は、米国大統領ルーズベルトも称賛し米国陸海軍に配布したという格調高いものであるが、その末尾は、次のように結ばれている（司馬遼太郎氏の『坂の上の雲』から引用）。

「神明はただ平素の鍛錬に力《つと》め戦はずしてすでに勝てる者に勝利の栄冠を授くると同時に、一勝に満足して治平に安《やすん》ずる者よりただちにこれをうばふ。古人曰《いわ》く、勝つて兜《かぶと》の緒を締めよ、と」

これは、彼の危機感の表明であり、関係者への警告でもあった。

残念ながら、日本人は、日露戦争の勝利に浮かれ、危機的状況が続いているのに、危機感を失い、自分の頭で考えるのをやめ、現実を直視せず、時代の変化に対応せず、前例踏襲主義・権威主義に陥り、やがて無謀な米国との戦争に突入する。

私は40年間行政機構に身を置いてきたが、現在の日本人の心構えが当時と大きく変わっているとは思えない。

将来にわたって日本が世界の中で生き抜いていくことができるようにするには、健全な危機感は不可欠である。

一人一人が、時代の変化を感じ、どうしたら今後も、日本の経済社会が発展していけるかを真剣に考えていく必要があるが、特に、制度設計を本務とする行政官の責任は大きい。

この本が、今後の行政の在り方を考えるうえで、少しでも参考になれば幸いである。

巻末資料（２０１５年農協改革法関係）

与党取りまとめを踏まえた法制度等の骨格（農協関係抜粋）

（２０１５年２月与党とりまとめ）

農協・農業委員会等に関する改革の推進について （２０１４年６月与党とりまとめ）	法制度等の骨格 （筆者注：この部分を２０１５年２月に決定）
農協改革の目的は、農業・農村の発展	
● 農業者、特に担い手からみて、農協が農業者の所得向上に向けた経済活動を積極的に行える組織となると思える改革とすることが必須 ● また、高齢化・過疎化が進む農村社会において、必要なサービスが適切に提供できるようにすることも必要 ● 農業者が自主的に設立する協同組織という農協の原点を踏まえ、これを徹底することが重要 ● また、農協批判を終息させ、今後は安定的な業務運営が行えるようにすることも重要	
1 単位農協のあり方 （1）単位農協は、農産物の有利販売（それと結びついた営農指導）と生産資材の有利調達に最重点を置いて事業運営を行う必要がある。	
○ 全農・経済連の協力も得て、単位農協が「農産物の買取販売」を数値目標を定めて段階的に拡大するなど、適切なリスクを取りながらリターンを大きくすることを目指す。	○ 法改正不要（単位農協・全農・経済連の自己改革の実行を注視）
○ 生産資材等については、全農・経済連と他の調達先を徹底比較して（価格及び品質）、最も有利なところから調達する。	○ 法改正不要（単位農協・全農・経済連の自己改革の実行を注視）

○農林中金・信連・全共連の協力を得て、単位農協の経営における金融事業の負担やリスクを極力軽くし、人的資源等を経済事業にシフトできるようにする。	○JAバンク法に規定済みであるので、法改正不要（単位農協・農林中金・信連・全共連の自己改革の実行を注視） 農協系統の要請を踏まえ、単位農協の信用事業譲渡をより円滑に行う観点から、所要の規定を整備する。 「・JAバンク法について、農協が農林中金等に信用事業の全部を譲渡した場合だけでなく、一部を譲渡した場合にも、農林中金等の業務代理を行うことができるようにするなど」
その際、単位農協の組合員等に対して金融を含めた総合的なサービスを提供できるようにし、また、単位農協の経営が成り立つように十分配慮する必要がある。 ・このため、既にJAバンク法に規定されている方式（単位農協から農林中金・信連へ事業譲渡を行い、単位農協に農林中金・信連の支店・代理店を置いた上、農林中金・信連から単位農協に相応の手数料等を支払う方式）の活用を積極的に進めることとし、農林中金・信連は、農協の判断に資するよう、この場合の手数料等の水準を早急に示すものとする。 ・単位農協の共済事業は、全共連との共同元受となっており、リスクは全共連のみが負っているが、全共連は、単位農協の共済事業の事務負担を軽くするような改善策を早急に示すものとする。	
○単位農協の理事については、農業者の所得向上に向けた経済活動を積極的に行えるようにするため、その過半は、認定農業者、農産物販売や経営のプロとするとともに、理事の交替に際しても、経営を継続的に発展させていけるよう十分留意する。 また、女性・青年役員を積極的に登用する。	○理事の過半数を原則として認定農業者や農産物販売・経営のプロとすることを求める規定を置く。 また、理事の選任に当たっては、理事の年齢や性別に著しい偏りが生じないように配慮する旨の規定を置く。
(2) 各単位農協が、自立した経済主体として、それぞれの創意工夫で積極的に事業運営を行い、優良事例を横展開していく必要がある。	

○各単位農協が、自立した経済主体として、経済界とも適切に連携しつつ積極的な経済活動を行って、利益を上げ、組合員への還元と将来への投資に充てていくべきことを明確にする。

○現行農協法第8条（組合は、その行う事業によってその組合員及び会員のために最大の奉仕をすることを目的とし、営利を目的としてその事業を行ってはならない［これは出資に応じた配当には法定上限があるという趣旨であり、組合が利益を上げたり、利用高に応じて配当することは何ら規制していない］）を、

①組合は、その行う事業によってその組合員及び会員のために最大の奉仕をすることを目的とし、農業所得の増大その他の農業者の利益の増進を図らなければならない

②農協は、その目的を達成するため、的確な事業活動により利益を上げ、その利益を事業の成長発展を図るための投資や組合員への利用高配当に充てる

旨に改正する。

○連合会・中央会は、こうした各単位農協の自由な経営を制約しないよう十分留意する。

ただし、預金保護に関連する信用事業については、健全性の確保が極めて重要であり、ＪＡバンク法に基づき農林中金が単位農協に対して的確な指導を行う。

○農協・連合会は、組合員・単位農協に事業利用を強制してはならないことを明記するとともに、専属利用契約（1年を超えない期間を限り、組合員が組合の事業の一部を専ら利用する旨の契約）に関する規定を削除する。

○この他、農協・連合会は農業者・単位農協が自主的に設立・運営する組織であることを徹底する観点から、規定の整備を行う。

［・定款の定めにより出資を強制する回転出資金制度（利用高配当の全部又は一部を、5年に限り出資させるもので出資配当の対象とはならない）を廃止する。

・組合の設立・定款変更に関する認可基準を緩和する　など］

（3）単位農協の事業の対象者（担い手農業者・兼業農家・地域住民）が複雑化する中で、それぞれのニーズに応じて事業を適切に運営する観点から、事業の内容・対象者に応じて、子会社の活用など、適切な組織形態を選択できるようにすることも必要である。

その際、単位農協が実際上地域のインフラとしての側面を持っており、組合員でない地域住民に対してもサービスを提供していく必要が生じているが、一方で農業者の協同組織という農協法制の下では員外利用規制は本質的なものであり、対応に限界があることに配慮する必要がある。	
○ 必要な場合には、JAの組織分割や、組織の一部の株式会社・生活協同組合等への転換ができるようにする。	○ 農協について、その選択により、組合を設立する新設分割及び組合から株式会社、消費生活協同組合等への組織変更ができる規定を置く。
○ このことを前提に、農協の農業者の協同組織としての性格を損なわないようにするため、准組合員の事業利用について、正組合員の事業利用との関係で一定のルールを導入する方向で検討する。	別紙
2 連合会・中央会のあり方 連合会・中央会は、1を前提に、単位農協を適切にサポートする観点で、そのあり方を見直す必要がある。	
(1) 連合会・中央会の単位農協に対する関わり方や業務内容は、次のとおりとする。	
○ 全農・経済連は、 • 単位農協の農産物の有利販売に資するため、大口実需者との安定取引関係を構築するとともに、単位農協が全農・経済連を通して販売するかどうかは単位農協の選択に委ねる。 • 取り扱う生産資材は競争力のあるものに特化するとともに、単位農協が全農・経済連から仕入れるかどうかは、単位農協の選択に委ねる。 • その他、農業・食品産業の発展（特に農業・農村の所得倍増）に資する経済活動（投資活動を含む）を、経済界と連携して積極的に実施する。	○ 法改正不要（全農・経済連の自己改革の実行を注視）

特に全農は、農業所得向上のための事業戦略を明確に立てて実行することとし、その際、農林中金の資金協力を得るものとする。	
○農林中金・信連・全共連は、 ・単位農協の金融事業の負担を軽くする事業方式を提供することとし、特に農林中金・信連は、単位農協から農林中金・信連へ事業譲渡を行い単位農協に農林中金・信連の支店・代理店を設置する場合の事業のやり方及び単位農協に支払う手数料等の水準（単位農協が自ら信用事業をやる場合の収益を考慮して設定すること）を早急に示す。 ・豊富な資金を農業・食品産業の発展（特に農業・農村の所得倍増）に資するよう、全農等とも連携して積極的に活用する。	○法改正不要（農林中金・信連・全共連の自己改革の実行を注視）
○厚生連は、組合員でない者を含めて地域に必要な医療サービスを安定的に提供する。 その際、あくまで民間組織であるので、公的医療機関としての機能を発揮する上で必要な場合には地方公共団体等から適切な支援を受けるものとする。	○法改正不要（厚生連の自己改革の実行を注視）
○中央会は、農協経営が危機的状態に陥ったことを背景に、昭和29年に農協の経営指導により農協組織を再建するために導入されたものであるが、中央会発足時に1万を超えていた単位農協が700程度に減少し、1県1JAも増加していること、JAバンク法に基づき信用事業については農林中金に指導権限が付与されていること、中央会自らは経済活動を行っていないこと等を踏まえ、単位農協の自由な経営展開を尊重しつつ、優良事例の横展開や農業者・単位農協の意思の集約、農協間の連絡・調整、行政との連絡など今後の役割を明確にしていく必要がある。	別紙
(2) (1)を踏まえて、連合会・中央会の組織のあり方を見直す。	

○ 全農・経済連は、経済界との連携を、連携先と対等の組織体制の下で、迅速かつ自由に（農協法に基づく員外利用規制、事業範囲の制約を受けないで）行えるよう、農協出資の株式会社（株式は譲渡制限をかけるなどの工夫が必要）に転換することを可能とする。その上で、今後の事業戦略と事業の内容・やり方をつめ、独占禁止法の適用除外がなくなることによる問題の有無等を精査して問題がない場合には、株式会社化を前向きに検討するものとする。	○ 全農・経済連について、その選択により、株式会社に組織変更ができる規定を置く。
○ 厚生連は、公的医療機関として地域に必要な医療サービスを提供する上で員外利用規制がネックとなる場合には、この規制がなく非課税措置を継続できる社会医療法人に転換することを可能とする。	○ 病院等を設置する厚生連について、その選択により、社会医療法人に組織変更ができる規定を置く。
○ 農林中金・信連・全共連は、経済界・他業態金融機関との連携を容易にする観点から、金融行政との調整を経た上で、農協出資の株式会社（株式は譲渡制限をかけるなどの工夫が必要）に転換することを可能とする方向で検討する。	○ 金融庁と中長期的に検討する。
○ 農協改革については、農協を取り巻く環境変化に応じ、農協が農業者の所得向上に向けて経済活動を積極的に行える組織となるよう、的確な改革を進めるため、以下の方向で検討し、次期通常国会に関連法案を提出する。 ① 農協法上の中央会制度は、制度発足時との状況変化をふまえて、他の法人法制の改正時の経過措置を参考に適切な移行期間を設けた上で現行の制度から自律的な新たな制度に移行する。 ② 新たな制度は、新農政の実現に向け、単位農協の自立を前提としたものとし、具体的な事業や組織のあり方については、農協系統組織内での検討も踏まえて、関連法案の提出に間に合うよう早期に結論を得る。	別紙
3 行政における農協の取扱い 農協が、農業者が自主的に設立した民間組織であることを踏まえ、適切に取り扱う。	

○ 行政は、単位農協も農業者の団体の一つとして、他の農業者やその団体等と同等に扱う。	○ 法改正不要（平成15年に措置済み）
○ 行政は、単位農協を安易に行政のツールとして使わないことを徹底し、行政代行を依頼するときは、公正なルールを明示し、相当の手数料を支払って行うものとする。 なお、農協が補助金申請等に際して自主的に行う組合員サービス（申請書記載代行等）は、行政代行とは別ものである。	○ 法改正不要（平成15年に措置済み）
4　その他 5年間を農協改革集中推進期間とし、農協は、重大な危機感をもって、以上の考え方に即した自己改革を実行するよう、強く要請する。 政府は、以上の改革が進められるよう法整備を行うものとする。	○ その他、最近の金融関係法制の変更等のフォロー、他制度との横並びを整えるなどの観点から、農協法等について点検を行い、関係法律について所要の規定の整備を行う。 「・農協の共済事業について、平成26年の保険業法の改正（契約者への情報提供、共済代理店に係る体制整備義務等）を踏まえた規定の整備を行う ・農産物の保管事業を農協の事業として明確化し、農業倉庫業法を廃止する　など」

別紙

1　会計監査については、農協が信用事業を、イコールフッティングでないといった批判を受けることなく、安定して継続できるようにするため、信用事業を行う農協（貯金量200億円以上の農協）等については、信金・信組等と同様、公認会計士による会計監査を義務付ける。

○ このため、全国中央会は、全国中央会の内部組織である全国監査機構を外出しして、公認会計士法に基づく監査法人を新設し、農協は当該監査法人又は他の監査法人の監査を受けることとなる。

○ なお、当該監査法人は、同一の農協に対して、会計監査と業務監査の両方を行うこと（監査法人内で会計監査チームと業務監査チームを分けることを条件）が可能である。

○ 政府は、全国監査機構の外出しによる監査法人の円滑な設立と業務運営が確保でき、農協が負担を増やさずに確実に会計監査を受けられるよう配慮する旨、規定する。

○ 政府は、農協監査士について、当該監査法人等における農協に対する監査業務に従事できるように配慮するとともに、公認会計士試験に合格した場合に円滑に公認会計士資格を取得できるように運用上配慮する旨、規定する。
○ 政府は、以上のような問題の迅速かつ適切な解決を図るため、関係省庁、日本公認会計士協会及び全国中央会による協議の場を設ける旨、規定する。
○ 全国中央会の新組織への移行等によりその監査業務が終了する時期までは、新しい会計監査制度への移行のための準備期間として、農協は全国中央会監査か公認会計士監査のいずれかを選べることとする。

2 業務監査（コンサル）については、農協の販売力の強化、6次産業化、輸出拡大等を図るために、必要なときに自由にコンサルを選ぶことができるようにするため、農協の任意とする。

3 都道府県中央会については、
（1）新組織は、会員の要請を踏まえた経営相談・監査、会員の意思の代表、会員相互間の総合調整という業務を行うこととする。
（2）平成31年3月31日（※）までの間に、農業協同組合連合会に移行する。
（3）移行した農業協同組合連合会は、「農業協同組合中央会」と称することができるように法的な手当を行う。
（4）都道府県中央会から移行した農業協同組合連合会が、会員の要請を踏まえた監査の事業を行う場合は、農林水産省令で定める資格を有する者を当該事業に従事させなければならないこととする。

4 全国中央会については、
（1）平成31年3月31日（※）までの間に、会員の意思の代表、会員相互間の総合調整などを行う一般社団法人に移行する。
（2）移行した一般社団法人は、「農業協同組合中央会」と称することができるように法的な手当を行う。

5 准組合員の利用量規制のあり方については、直ちには決めず、5年間正組合員及び准組合員の利用実態並びに農協改革の実行状況の調査を行い、慎重に決定する。

※筆者注：2015年農協改革法では、実務を考慮して、「9月30日」に修正されている。

奥原正明（おくはら・まさあき）
1955年生まれ。麻布高校・東京大学法学部卒業。1979年農林水産省入省。在ドイツ大使館1等書記官、大臣秘書官、食糧庁計画課長、農業協同組合課長、大臣官房秘書課長、水産庁漁政部長、消費・安全局長、経営局長等を経て、2016年6月農林水産事務次官。2018年7月農林水産省を退官。

農政改革
行政官の仕事と責任

二〇一九年七月二十三日　一版一刷
二〇一九年九月　四　日　三刷

著　者――奥原正明

発行者――金子　豊
発行所――日本経済新聞出版社
https://www.nikkeibook.com/
東京都千代田区大手町一-三-七
郵便番号　一〇〇-八〇六六
電話　〇三-三二七〇-〇二五一（代）

装　幀――野網雄太
組　版――マーリンクレイン
印刷・製本――三松堂

ISBN978-4-532-17668-6
Printed in Japan